[보고 배우는] 커트 과정

11

11가지
그라데이션 보브를 만드는
패널 컨트롤

후쿠이 타츠마사
PEEK-A-BOO

연습한 대로 커트 했는데 그 형태가 되지 않는다. 대부분의 미용사분들은 경험 했을 것입니다. 위그 트레이닝은 물론 살롱 워크에서는 더욱 그렇습니다.

배운대로 충실히 재현해도 원하는 폼을 만들 수 없는 이유는 섬세한 손놀림의 부족 등의 이유도 있지만 더 큰 요인은 골격 차이입니다. 예를 들면, 두상이 둥근 사람과 사각형인 사람에게 같은 커트 방법으로 시술을 해도 같은 폼이 되지는 않습니다. 같은 폼을 목표로 한다면 소재에 적합한 기술을 선택하고, 조합해야 합니다.

그리고 또 한 가지. 예를 들면 신규 고객의 첫 내점은 [큰 변화]를 의미 합니다. 첫 제안이 성공한다면 재방문으로 이어질 가능성이 높아질 것입니다. 다만, 신규고객을 단골고객으로 만들기 위해서는 [작은 변화], 즉 디자인의 절묘한 차이를 파악하는 힘이 필요합니다. 언뜻 크게 바뀌지 않을 스타일도 고객에게 [어딘가 다르다][신선하다]라고 느낄 수 있는 제안을 지속할 것. 디자이너의 제안을 고객이 들어주는 기술력이 미용사로서의 발전에도 매우 중요합니다.
중요한 점은 커트 방법에 따라 달라지는 폼과 디테일의 특징을 이해하고, 소재의 특징과 원하는 디자인에 적합한 [기술을 선택하는 능력]. 이것이 고객에게 헤어 디자인의 가치가 전달되어 지속해서 지명을 받을 수 있는 스킬입니다.

지오메트릭(GEOMETRIC:기하학적 구조의)한 그라데이션 보브는 살롱 워크에서도 제안의 기회가 많고, 선과 면으로 구성되어 있어 디자인 상의 섬세한 차이를 파악할 수 있는 트레이닝에도 적합한 스타일입니다. 이 책은, 이러한 그라데이션 보브만의 기술서입니다. 조건이 같은 모델의 위그에 동일한 랭스를 설정하고, 다른 테크닉으로 11가지 그라데이션 보브를 커트했습니다. 각각의 커트 방법에 의미가 있고 디자인의 디테일에도 미묘한 차이가 있습니다. 본서를 통해서 이러한 작은 변화를 파악할 수 있는 [기술을 선택하는 능력]을 트레이닝 해 보세요. 이 경험이 당신을 최강의 미용사로 만들어 줄 것입니다.

후쿠이 타츠마사 [PEEK-A-BOO]

CONTENTS

003   MESSAGE

006   **INTRODUCTION**
           스텝 업에 필요 한 스킬이란?

008   원랭스로 검증 기술을 「선택한다」의 의미

012   기술의 선택으로 달라지는 디테일의 미묘한 차이

014   **CHAPTER 1**
           테크닉의 선택 옵션

016   소재를 알아 보자~ 둥근 형태의 변화가 커서 주의가 필요한 부분

018   소재를 파악한다~커트로 연결되는 골격상의 점

020   슬라이스 선택지~ 커트 설계도

022   패널 조작의 선택지~ 디자인의 입체도

026   **CHAPTER 2**
           여러 그라데이션 보브 만들기~ 밸런스 조작편

028   그라데이션 보브의 밸런스를 컨트롤한다

034   기술 선택 ① A 슬라이스 × 그라데이션 보브

040   기술 선택 ② 세로 슬라이스 × 그라데이션 보브

046   기술 선택 ③ V 슬라이스 × 그라데이션 보브

052   기술 선택 ④ 사선 슬라이스(세로 슬라이스+사선 셰이프) × 그라데이션 보브

058 **CHAPTER 3**
여러 그라데이션 보브의 만들기~둥근 형태 조작편

060 그라데이션 보브의 둥근 형태를 컨트롤한다

066 기술 선택 ① 로우 그라데이션 × 그라데이션 보브

072 기술 선택 ② 사이드 그라데이션 × 그라데이션 보브

078 기술 선택 ③ 방사상 슬라이스 × 그라데이션 보브

084 기술 선택 ④ 멀티 슬라이스 × 그라데이션 보브

090 **CHAPTER 4**
여러 그라데이션 보브의 만들기~+레이어 조작편

092 레이어를 더해서 그라데이션 보브의 가벼움을 컨트롤한다

098 3가지 스타일의 공통점 / 베이스의 폼 구성

102 기술 선택 ① 그라데이션 보브 + 전방 아래 45도 레이어

106 기술 선택 ② 그라데이션 보브 + 오버 셰이프 레이어

110 기술 선택 ③ 그라데이션 보브 + 방사상 슬라이스 레이어

116 부록 11가지 그라데이션 보브 일람

118 CREDIT

119 저자 PROFILE

INTRODUCTION

스텝 업에 필요한 스킬이란?

필요한 스킬 ①
소재에 따른 대응력

예를 들면 [같은 밸런스]의 헤어 스타일을 만드는 경우에도, 고객 한 사람 한사람의 두상과 머릿결을 파악한 커트를 설계하면 원하는 스타일을 효율적으로 시술할 수 있다.

필요한 스킬 ②
디테일 조작 능력

예를 들면 [이전과 같은 헤어 스타일]의 오더를 받아도 고객의 기분에 따라 디자인 [작은 변화]를 제안·제공 할 수 있다면 신뢰관계를 구축할 수 있다.

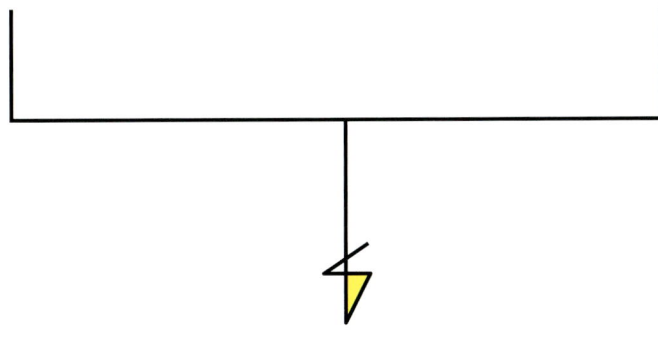

― 본서에서 배울 부분 ―

목적에 맞춰
「기술을 선택하는 능력」 향상

고객의 골격과 모질이라는 소재는 사람에 따라 크게 다르다. 예를 들면 두명의 고객에게 같은 헤어 스타일을 시술할 때, [같은 커트 방법]으로 시술해도 [똑같은 스타일]은 되지 않는다.
이 경우에 필요한 점이 소재에 맞춘 커트 구성이다.
또, 신규 고객의 단골화에서 중요한 것이 스타일의 [멀티 체인지]로, 기술의 의미를 이해하고 [커트 방법을 바꾸어 디테일에 변화를 준다]라는 발상을 가지면 효율적이고 완성도가 높은 디자인 제안이 가능하다.

소재에 대한 대응력과 디테일의 조작 능력. 본서에서는 [그라데이션 보브]를 통해서 이 두 가지의 능력을 높이고, 고객에게 디자인의 가치를 전달하는데 필수인 [기술을 선택하는 능력]에 관해서 설명해 보겠습니다.

원랭스로 검증
기술을 [선택한다]의 의미

[기술을 선택한다]라고 하는 것은, 목적에 적합한 슬라이스 구성과 프로세스 설계 등을 바꾸는 것.
같은 디자인을 목표로 해도 기술을 바꾸면 마무리에 미묘한 차이가 생긴다.
이 차이를 이해하는 것이 스텝 업의 첫 걸음.

선택 ①
백에서 자르는 원랭스

우선은 베이직 스타일의 가장 기본이 되는 [수평 라인의 원랭스]를
기본 프로세스라고 할 수 있는 [백에서] 커트해 본다.

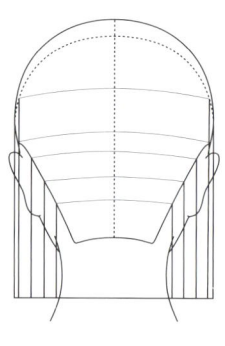
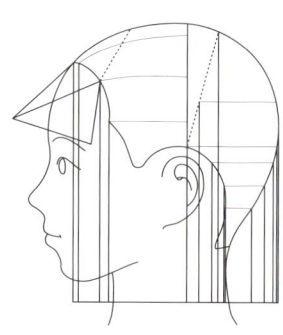

백 백은 아래부터 표면까지 6개 슬라이스로 커트(가로 슬라이스).
백 포인트에 해당하는 세 번째까지 스퀘어 형태로.

네 번째 슬라이스 이후부터 둥근 두상에 맞춰 커트한다.

체크 커트

골격이 급격하게 바뀌는 백 사이드의 모발을 타이트한 C자 쉐이프, 코너를 체크.

사이드

가이드 설정

귀 위~탑 포인트를 잇는 이어 투 이어까지의 섹션부터 패널을 나누어 가이드를 만든다.

사이드는 아래부터 네 번째 슬라이스에서 커트(가로 슬라이스).
층이 생기지 않도록 연결하고, 네 번째 슬라이스는 두상에 맞추어 커트한다.

첫 번째	두 번째	세 번째	네 번째

체크 커트 　네이프　　체크 커트 　구레나룻　　체크 커트 　표면

양쪽 사이드의 커트가 끝났다면 네이프, 구레나룻, 표면에 생기는 코너 체크.

앞머리

섹션　　　센터　　　양쪽 사이드

폭은 이마의 끝(프론트 코너), 깊이는 이마가 튀어나온 부분(뱅 포인트)로 설정.

센터, 좌우의 순서로 눈에 살짝 걸리는 길이로, 두상에 따라 패널을 나누어서 커트.

선택 ②
사이드부터 자르는 원랭스

이번은 이전 페이지와 같은 랭스,
아웃 라인을 목표로 설정한 랭스를 사이드부터 커트.
프로세스와 슬라이스를 바꾸어 커트한다.

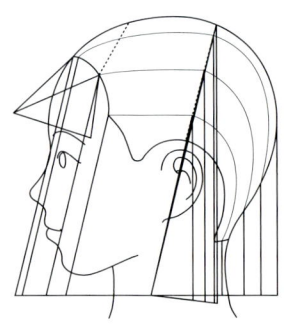 

사이드 가로 슬라이스부터 섹셔닝 라인에 덮이지 않도록 패널을 당겨 커트한다.

섹셔닝	첫 번째	두 번째	세 번째	네 번째

귀 위와 가마를 잇는 이어 투 이어로 전체를 앞뒤로 나눈다.

백 헴 라인과 평행하게 슬라이스를 나누고, 사이드와 코너를 커트한다.

첫 번째		두 번째		

두상에 맞춰 커트하면서 아래로 패널을 당겨 연결한다.

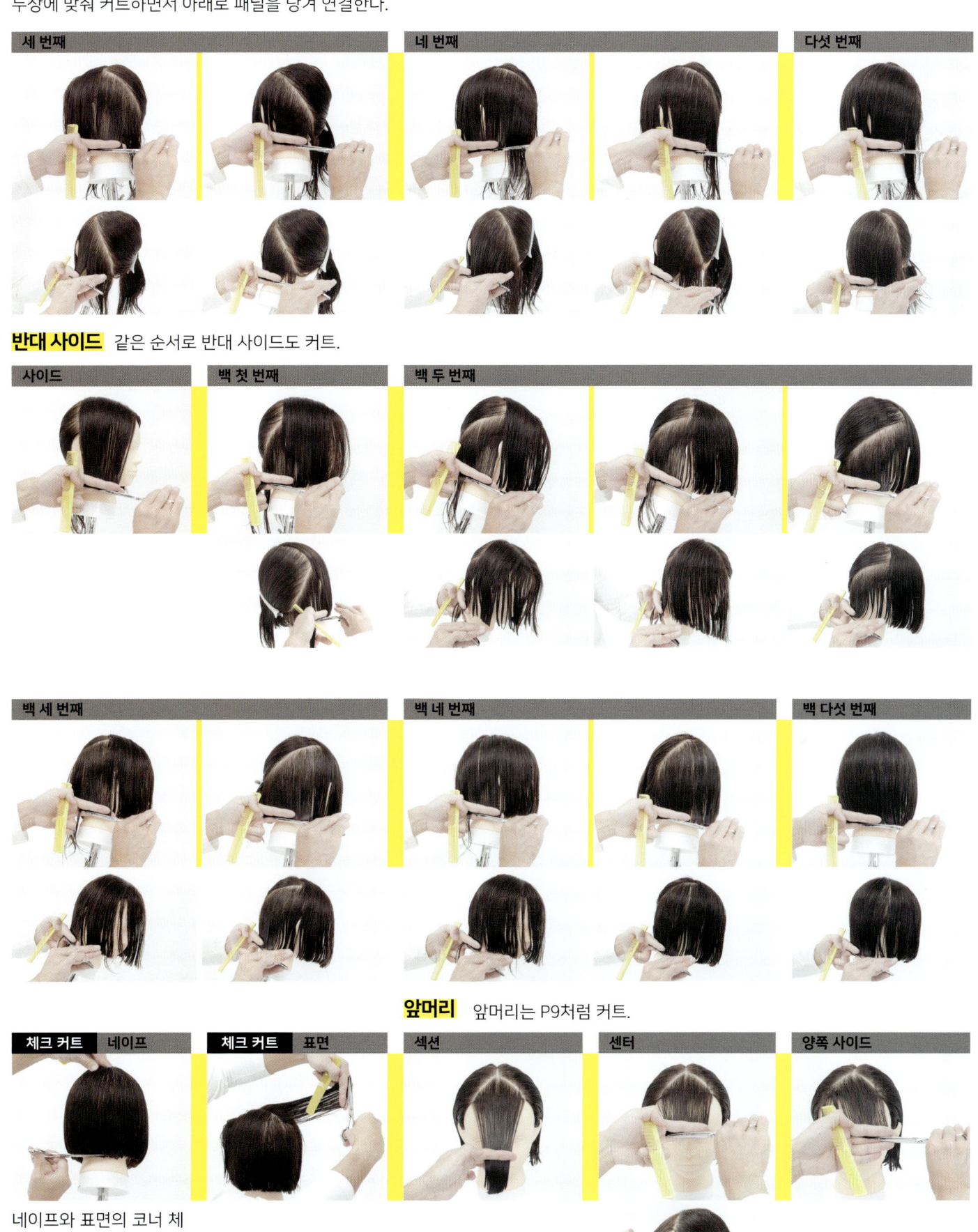

반대 사이드 같은 순서로 반대 사이드도 커트.

앞머리 앞머리는 P9처럼 커트.

네이프와 표면의 코너 체크.

기술의 선택으로 바뀐다
디테일의 미묘한 차이

마지막으로 [백에서] [사이드에서] 각각 커트한 원랭스 차이를 검증해 보자.
언뜻 같은 스타일처럼 보이지만, 아웃라인의 각도와 형태,
폼의 뉘앙스에 나타나는 [미묘한 차이]에 주목한다.

선택 ①
백에서 자르는 원랭스

[**디자인의 특징**]

- 백의 아웃 라인이 직선적이고, 두께감이 확실하게 느껴진다.

- 「사이드부터」와 비교해서 백의 폼이 스퀘어하며 깔끔하다.

- 사이드의 아웃 라인이 앞쪽으로 길어진다.

네이프의 길이와 라인을 설정, 후두부의 폼을 스퀘어 하며 깊게 하고 싶을 때 등, [백의 폼 만들기]를 우선으로 하고 싶은 경우에는 [백에서 커트]하는 것이 좋다. 또 앞을 약간 길게 하고 싶은 경우에도 적합하다.

정리 같은 [원랭스]의 디자인으로 하려고 해도, 커트 프로세스와 그에 따른 슬라이스를 바꾸면 각각의 기술의 특성이 디자인에 나타나기 때문에 마무리에 [미묘한 차이]가 생긴다. 이 차이를 이해하고 적절하게 사용하면 고객이 느끼게 되는 헤어 스타일의 가치도 향상된다.

선택 ②
사이드에서 자르는 원랭스

[**디자인의 특징**]

- 사이드의 아웃라인이 폭이 넓고 직선이며, 두껍다.
- 백의 아웃 라인이 약간 둥글다.
- 「백부터」와 비교하면 백의 폼이 둥글다.

얼굴 주위의 랭스 설정(특히 턱 위)과 사이드의 라인을 드러내고 싶은 경우에는 [사이드에서] 커트 하는 것이 좋다. 사이드의 아웃 라인을 수평 라인으로 하면서 둥글고 깊이감이 있는 폭으로 할 경우에 적합하다.

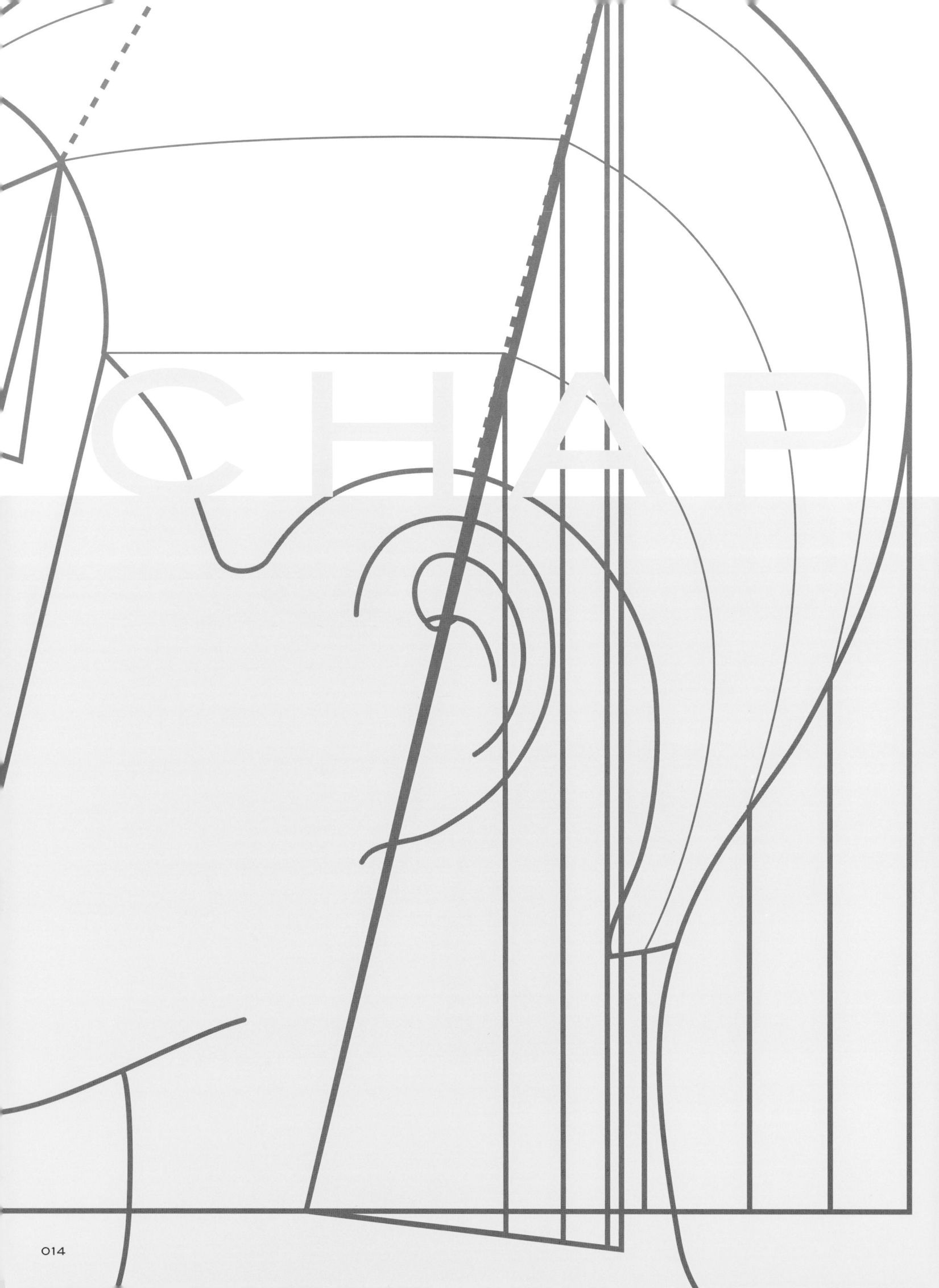

테크닉 선택 옵션

소재에 대한 대응력, 디테일의 컨트롤 능력을 향상시키기 위해 필요한 것이 기술의 선택이다.
지금부터는 소재, 즉 두상의 특징과 골격을 파악할 수 있는 기준치,
그리고 슬라이스, 패널 조작의 기본이 되는 테크닉의 [선택 옵션]을 소개한다.

TER 1

소재를 알아 보자
~ 둥근 형태의 변화가 커서 주의가 필요한 부분

커트의 설계에 있어서 베이스가 되는 것이 [두상의 곡선]이다.
모발이 떨어지는 위치와 모발 겹침을 파악하기 위해서 두상의 골격을 이해하자.
여기에서는 슬라이스와 패널 조작에 따라 곡선의 변화를 의식하고
주의해야 할 부분을 확인.

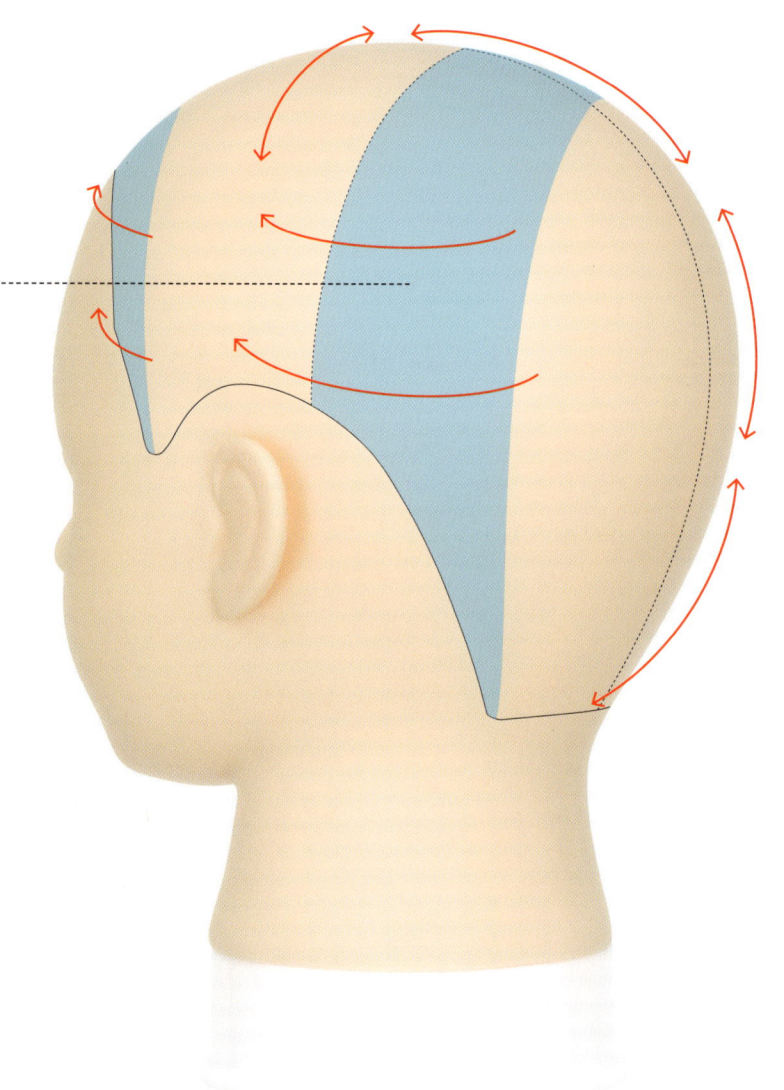

요소 ①
백 사이드

상하 방향의 곡선은 크게 바뀌지만, 비교적 플랫한 백 센터의 주변과 비교하면 백 사이드는 [앞뒤]의 커브가 심해진다.
이 섹션은 급하게 올라가는 햄라인의 영향으로 모발의 양도 모발의 겹침을 파악하기 어렵기 때문에 연결할 때의 패널 조작에 주의해야 한다.

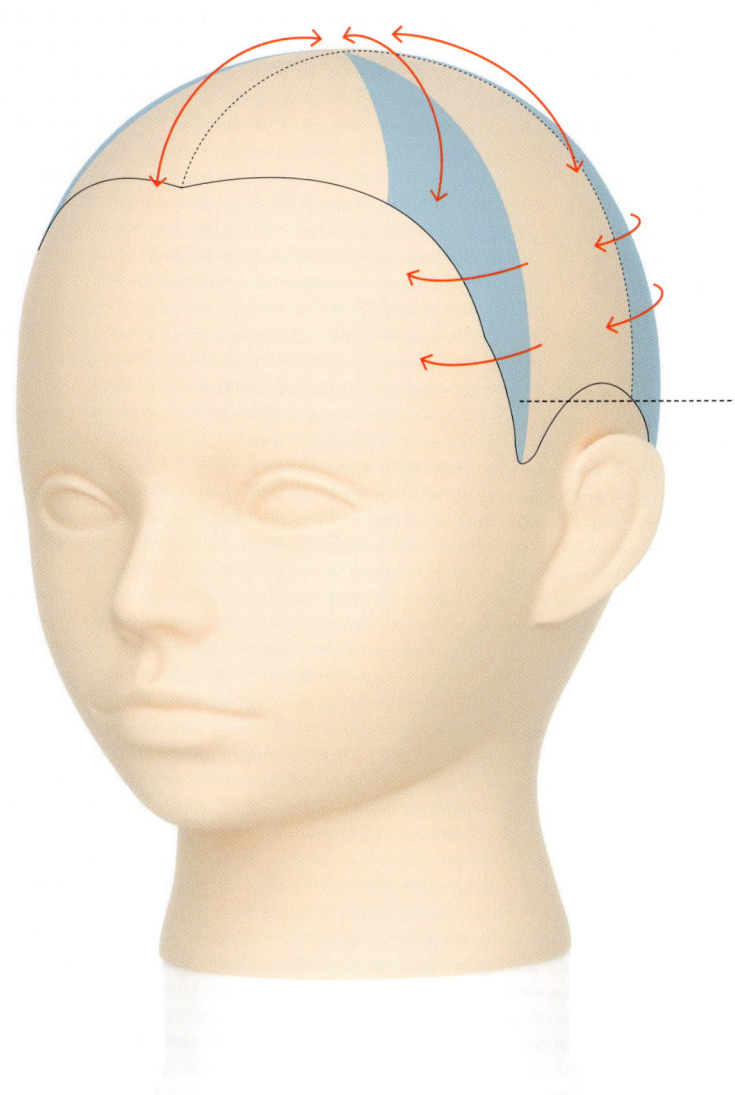

요소 ②
구레나룻~페이스 라인

구레나룻~얼굴 주위의 페이스 라인에 걸쳐 모발의 양은 적지만, 위아래 곡선이 더해지고, 앞뒤의 곡선이 급격하게 바뀌는 부분. 또, 헤어 스타일의 인상을 크게 바꾸는 페이스 라인 디자인을 구성하는 부분이기 때문에 이 섹션도 골격의 변화를 확실하게 파악한 슬라이스 구성과 패널 컨트롤을 해야 한다.

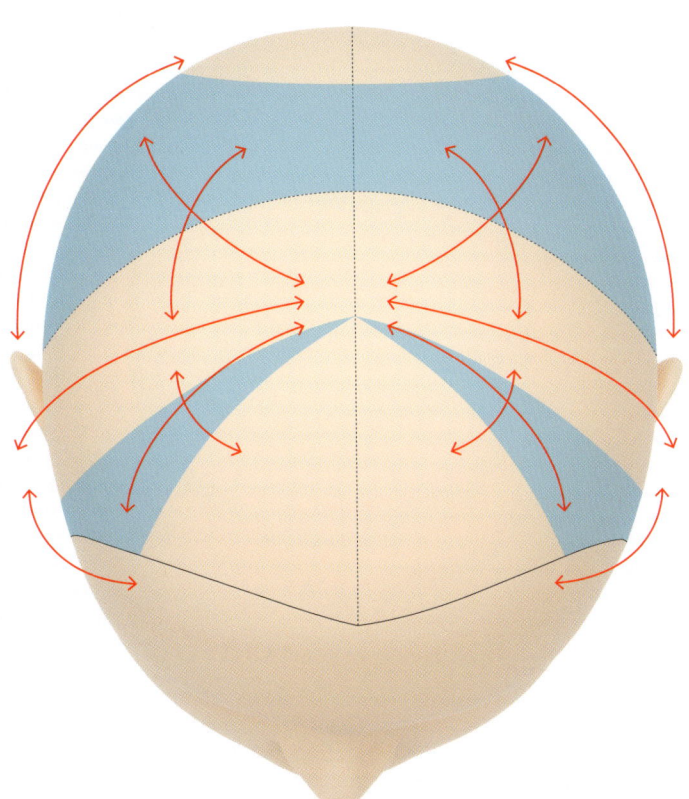

요소 ③
오버 섹션

앞머리와 헤어 스타일의 표면을 구성하는 오버 섹션은 골격의 변화 자체는 크지 않다. 다만 모발이 방사상으로 넓어지기 때문에 골격의 세세한 변화를 파악해야 한다.

소재를 파악한다
~커트로 연결되는
골격상의 포인트

커트를 정확하게 하기 위해서 중요한 부분이 두상 위에 존재하는 다양한 [점].
본서에서 선택한 15가지 점은 두상을 파악하기 위해 꼭 필요한 포인트로,
슬라이스와 섹션 설계의 [근거]와 [기준점]이 된다.
이 점들을 선으로 어떻게 연결해서 커트 설계도를 그릴 것인가.
그것이 두상에 적합한 디자인 만들기의 시작점이 된다.

① 네이프 부분
후두부 아래쪽의 오목한 곳. 옥시피탈에 해당한다.

② 옥시피탈
후두부의 뼈(후두골)의 언더.
두상의 상하 경사가 크게 바뀌는 포인트.

③ 백 포인트
정중선상 후두부의 골격이 가장 튀어나온 부분. 여기를 경계로 상하 경사가 바뀐다.

④ 투 섹션 포인트
프론트 코너(⑪과 두개골(⑧)을 연결하는 연장선과 정중선과의 교차점.

⑤ 골덴 포인트
턱 끝과 귀 위 부분(⑦)를 연결하는 선의 연장선과 정중선과의 교차점.

⑥ 네이프 코너
네이프 부분의 양쪽 끝.
머리 가장자리의 형태가 크게 달라지는 포인트.

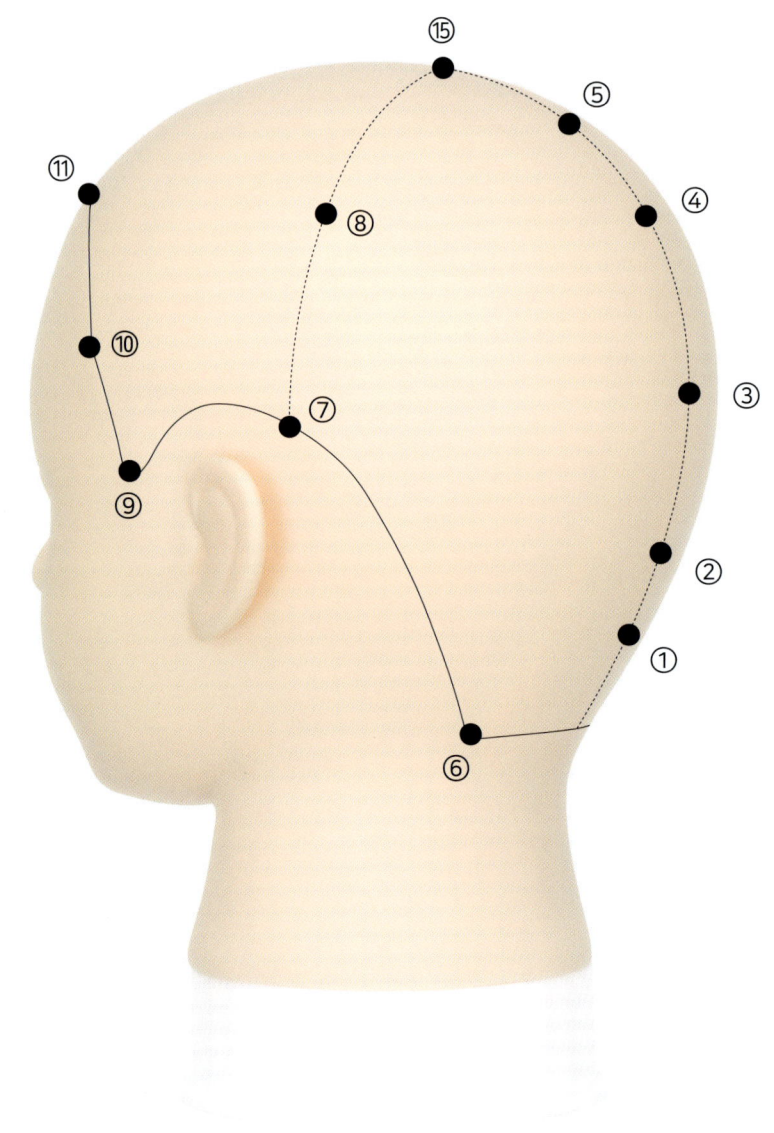

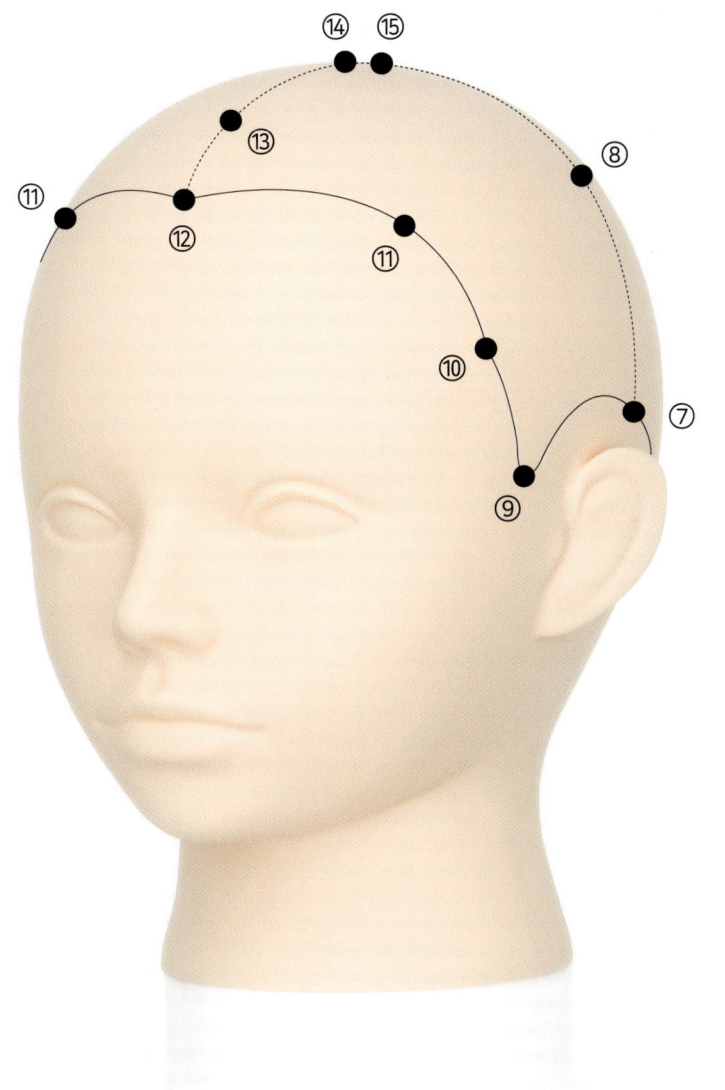

⑦ 귀 위 부분
머리 가장자리 라인 윗부분으로 귀의 가장 높은 부분에 해당하는 포인트.

⑧ 두개골
이어 투 이어라인 상에 있는 튀어나온 뼈.

⑨ 구레나룻
귀보다 페이스 라인. 머리 가장자리의 형태는 개인차가 크다.

⑩ 관자놀이
콧 볼과 눈꼬리를 잇는 라인과 머리 가장자리와의 교차점 부근. 음식을 씹을 때 움직이는 부분.

⑪ 프론트 코너
이마 가장자리의 양쪽 끝. 눈꼬리의 바로 위에 있는 경우가 많다. 머리 가장자리의 형태가 크게 달라지는 포인트.

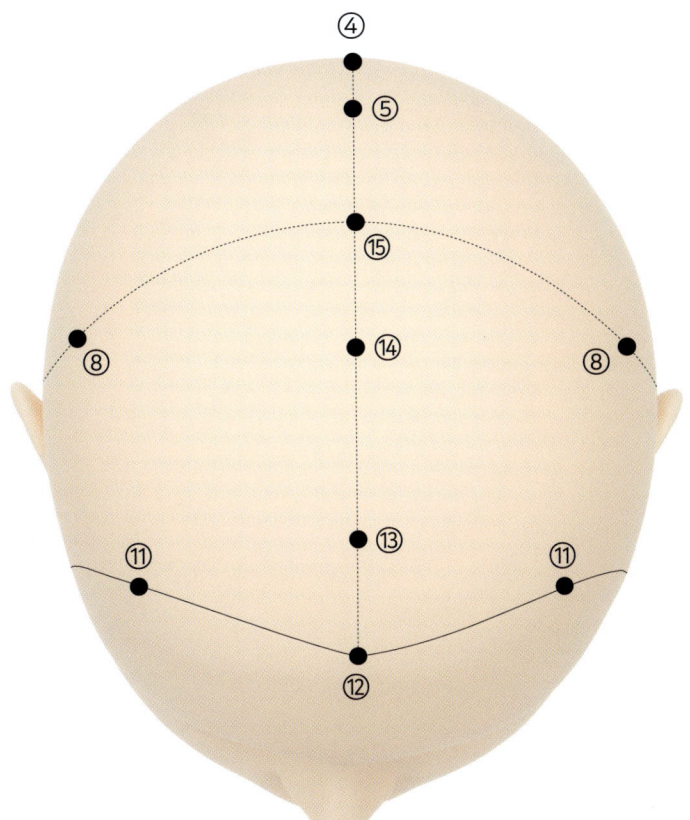

⑫ 프론트 센터
페이스 라인의 정중선

⑬ 뱅 포인트
전두골의 튀어나온 부분. 프론트의 경사가 달라지는 포인트.

⑭ 탑 포인트
두상에서 가장 높은 포인트

⑮ 이어 투 이어 포인트
좌우 귀 윗부분을 연결하는 라인과, 정중선과의 교차점.
이어 투 이어 파트 상에서 가장 높은 부분.

슬라이스 선택 ~ 커트의 설계도

슬라이스란, 당기는 패널의 베이스, 즉 두상 분류 선을 말한다.
원하는 스타일에 따라, 두상에 선을 어떻게 그을 것인지.
그 설계가 디자인의 질과 커트의 효율을 좌우한다.

가로 슬라이스

무게감 있는 보브 스타일 등에서 자주 사용. 아웃 라인과 웨이트 라인을 수평으로 하고 싶을 때, 또 두껍게 하고 싶을 때 선택. 단차를 촘촘하게 만들 수 있다.

세로 슬라이스

폼의 웨이트를 높은 위치로 설정 하고 싶을 때, 아웃 라인을 가볍게 하고 싶을 때 선택. 겹치는 모발이 보이기 때문에 단차의 구성을 쉽게 파악 할 수 있다.

사선 슬라이스 ①

단차의 폭을 서서히 바꾸고 싶을 때 선택. 특별히 기준이 되는 선은 없고, 원하는 디자인에 맞춰 각도를 조절하지만, 세로에 가까운 슬라이스로 나뉘는 패널의 섹션은 삼각형이 된다. 그라데이션이 자연스럽고 폼에 깊이감을 줄 수 있다.

사선 슬라이스 ②
~세로슬라이스+사선쉐이프

세로 슬라이스에서 당기고 싶은 패널을, 그 패널 섹션의 대각선상으로 셰이프하는 기법. 커트 라인은 사선 슬라이스 ①과 같은 효과를 얻을 수 있다. 섹션이 쉽게 바뀌기 때문에 정확하게 연결한 후에 하는 것이 좋다.

A 슬라이스

정중앙선과 이어 투 이어 파트를 기준으로 가로에 가깝고, 앞쪽이 내려가는(A 형태) 라인으로 나누는 슬라이스. 백의 폼을 타이트하게 하고 싶을 때(웨이트의 느낌을 강조), 또는 앞쪽이 내려간 웨이트를 만들고 싶을 때 선택. 패널의 섹션은 삼각형이 된다.

V 슬라이스

정중선과 이어 투 이어 파트를 기준으로 앞쪽이 올라가는 (V 형태) 형태로 나누는 슬라이스. 얼굴 주위를 머쉬룸 형태의 밸런스로 하고 싶을 때, 귀 뒤쪽의 폼을 타이트하게 하고 싶을 때, 후두부를 둥글게 하고 싶을 때 등에 선택. 패널의 섹션은 역삼각형.

패널 조작의 선택
~디자인의 입체도

슬라이스에서 당긴 패널을 어떤 방식으로 쉐이프하고, 커트 할것인가.
커트라인의 모발이 겹쳐져서 만들어지는 헤어 디자인의 폼은
이 패널의 조작에 따라 입체화된다.

두상에 대해서 90도

이른바 [온 베이스]. 사진은 세로 슬라이스의 예. 슬라이스의 각도를 바꾸지 않고 두상의 곡선에 따라 폼이 만들어진다.
커트를 할 때는 두상을 정확하게 파악하고 곡선에 맞춰 커트하는 것이 중요하다.

스퀘어 형태

두상의 곡선에 관계 없이 모든 패널을 뒤쪽(사이드에서 시술할 때는 전 패널로 당기는것)으로 당기는 것. 오버 다이렉션중의 한 가지로 사진은 백을 세로 슬라이스로 진행한 예.
스퀘어한 커트라인을 만들 수 있고, 컴팩트한 폼이 된다. 또 둥근 두상의 영향으로 남은 길이가 바뀌기 때문에 앞쪽이 내려가거나 올라가는 라인의 균형을 맞출 수 있다(사진의 스퀘어 형태는 앞쪽이 길어지는 라인이 된다).

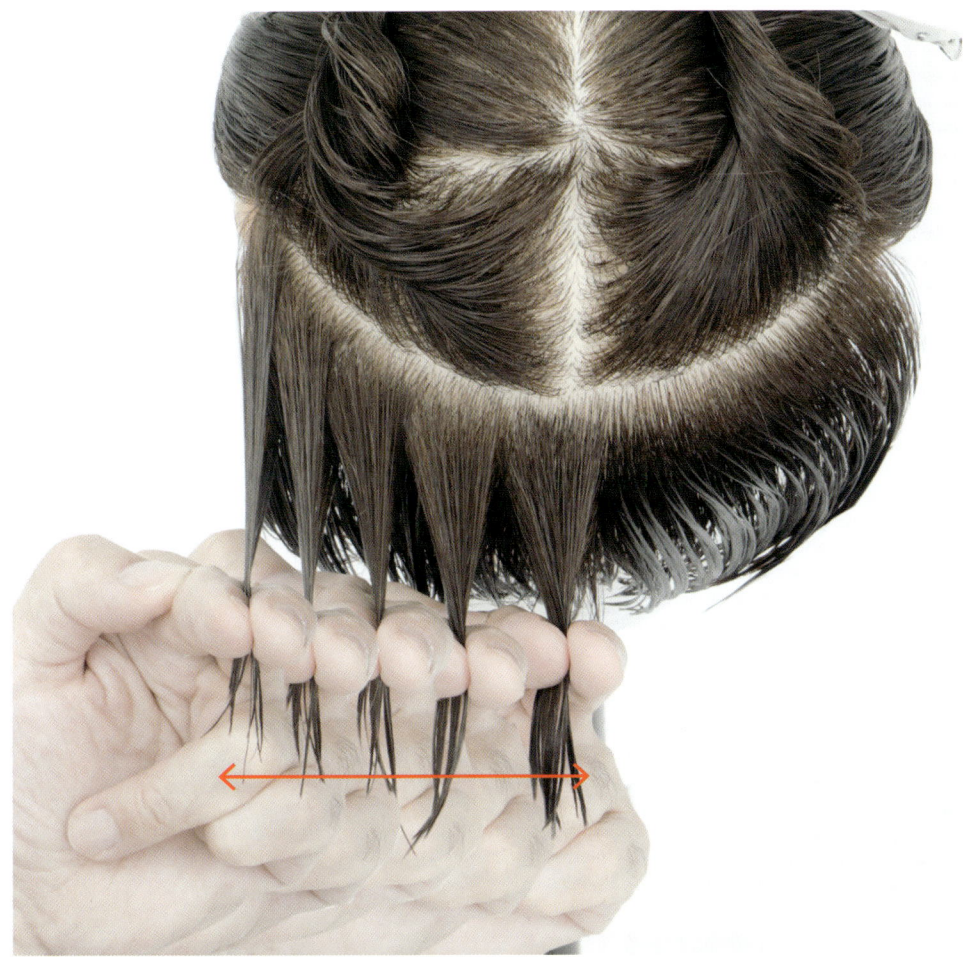

같은 위치로 모은다

섹션 내의 모발을 여러 개의 슬라이스로 나누고, 모두 같은 위치로 쉐이프하는 것. 오버 다이렉션 중의 한 가지. 두상의 곡선과 두피에서 떨어져 커트하는 위치까지의 거리에 따라 남는 길이가 달라지기 때문에 셰이프하는 방향에 따라 앞쪽이 올라가거나, 내려가는 단차 폭이 만들어진다. 아웃 라인의 길이는 모발을 모으는 위치에 따라서 폼의 두께에 변화를 줄 수 있다.

하나 앞쪽 패널의 위치로 당긴다

두 번째 선의 바뀌는 패널을 첫 번째 커트 한 섹션의 위치로 당기는 것. [두피에서 90도]와 [스퀘어 형태]의 중간 정도의 밸런스로 부드러운 라인을 만들 수 있다.

리프트 업

패널의 위쪽은 슬라이스와 같은 높이에서 바닥과 평행하게 하고, 패널의 아래쪽을 위쪽으로 모이도록 셰이프 하는 것. 두상의 곡선과 섹션의 폭, 두께에 따라 같은 패널 내에 그라데이션과 레이어를 넣어, 콘케이브 형태의 단차를 만들 수 있다.

엘리베이션

모발의 아래부터 위쪽 방향으로(언더부터 오버 방향) 슬라이스를 이동하며 패널을 서서히 올리는 것. 마지막 패널은 바닥과 평행한 정도로 설정하는 경우가 많다. 쉐이프 하는 각도에 따라 단차의 폭이 달라지기 때문에 폼의 형태와 입체감에 변화를 줄 수 있다.

그라데이션 보브 만들기
~ 밸런스 조작편

본장에서 심플한 그라데이션 보브를 [만드는] 테크닉을 해설.
같은 랭스의 그라데이션 보브를 조건이 다른 소재에 적용시킬 때,
또는 디테일에 변화를 주고 싶을 때 사용되는
4가지의 밸런스 조작으로 이어지는 기술의 조합 방법을 알아본다.

그라데이션 보브의 밸런스를 컨트롤한다

같은 랭스, 같은 아웃 라인,
같은 그라데이션 스타일의 보브라도
커트 방법을 바꾸면 디자인의 디테일이 달라진다.
또 변화의 조건을 다른 소재에 적용시키면
디자인의 작은 변화로 이어진다.

같은 랭스의 그라데이션 보브에 [밸런스]를 조절한다

GRADATION BOB 1
A 슬라이스

GRADATION BOB 2
세로 슬라이스

그라데이션 보브의 밸런스를 조절하는 테크닉의 선택은 [A 슬라이스] [세로 슬라이스] [V 슬라이스] [사선 슬라이스(세로 슬라이스+사선 셰이프)] 4가지.
이 조건들을 같은 모델의 위그에 적용시키면 폼과 실루엣의 밸런스에 차이가 생기고, 디자인적인 특징과 이미지에도 미묘한 변화가 생긴다.
본 장의 사진은 4가지의 방법으로 커트 한 그라데이션 보브(같은 랭스)를, 각각의 특성을 살려 마무리 한 상태. 어떤 차이가 나는지 확인해 보자.

GRADATION BOB 3
V 슬라이스

GRADATION BOB 4
사선 슬라이스 (세로 슬라이스+사선 셰이프)

기술 선택으로 바뀌는 밸런스

다음으로 4가지 그라데이션 보브에 같은 스타일링 후 같은 각도로 본 상태에서 비교.
우선은 어디에, 어떤 차이가 생겼는지 찾아 보자.

A 슬라이스　　　　　　　　　　　**세로 슬라이스**

V 슬라이스

사선 슬라이스(세로 슬라이스+사선 셰이프)

기술 선택과 디테일의 변화

계속해서 기술 선택이 디자인의 디테일에 어떤 영향을 주고 있는지 각각의 특징을 명확하게 정리한다.

A 슬라이스

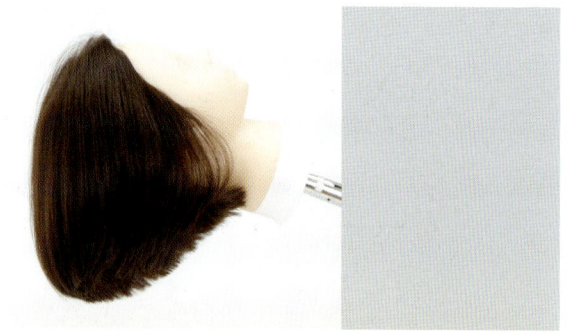

- 폼의 웨이트가 낮은 위치에 생긴다.
- 웨이트부터 아래는 실루엣에 잘록해진다.
- 사이드 표면의 아웃 라인은 곡선적인 전대각 라인.
- 사이드 안쪽의 아웃 라인은 곡선적이며 부드럽게 파인다.
- 백 표면의 아웃 라인은 곡선적인 전대각 라인.

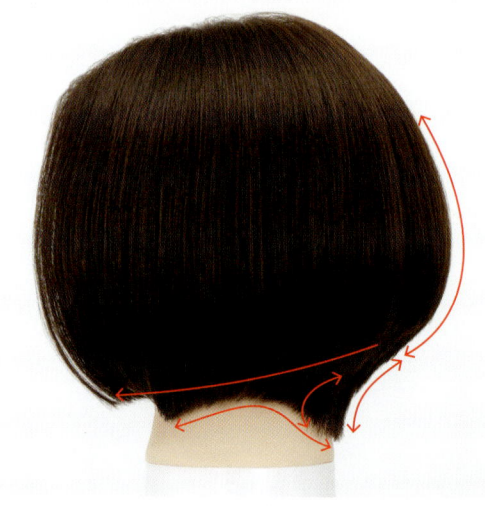

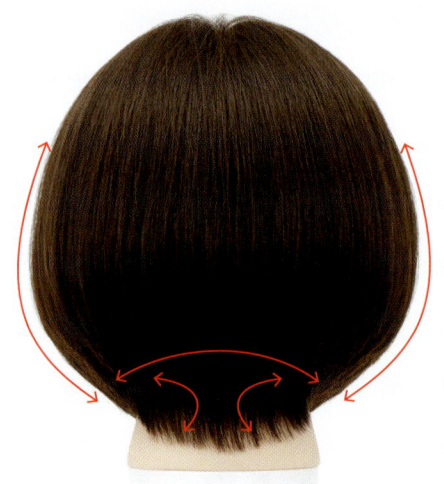

세로 슬라이스

- 컴팩트한 폼으로 웨이트는 가볍다.
- 웨이트 아래의 잘록함은 약하고, 타이트하다.
- 사이드 표면의 아웃 라인은 직선적인 전대각 라인.
- 사이드 안쪽의 아웃 라인은 곡선적이며 급격하게 파인다.
- 백 표면의 아웃 라인은 라운드.

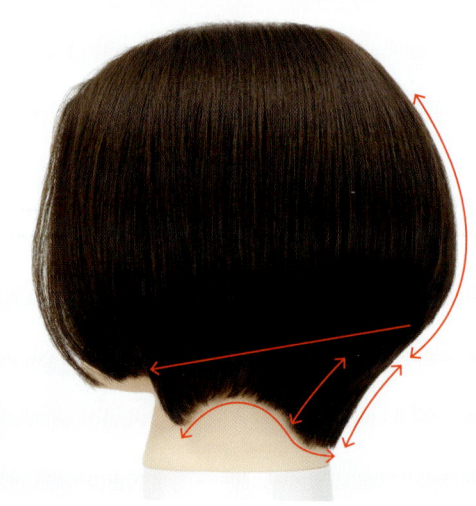

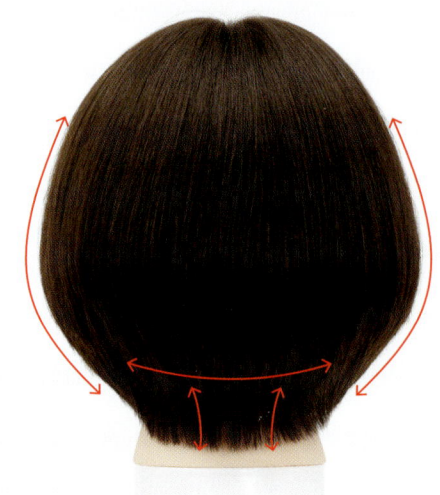

V 슬라이스

- 귀 뒤쪽의 폼이 컴팩트하고 웨이트가 높다.
- 웨이트 아래가 타이트(특히 귀 뒤쪽)하고 목에 연결된다.
- 사이드 표면의 아웃 라인이 위쪽 방향으로 약간 잘록하다.
- 사이드 안쪽의 아웃 라인이 급격하게 파인다(귀 뒤쪽 머리).
- 백은 숏 스타일의 느낌이 강하다.

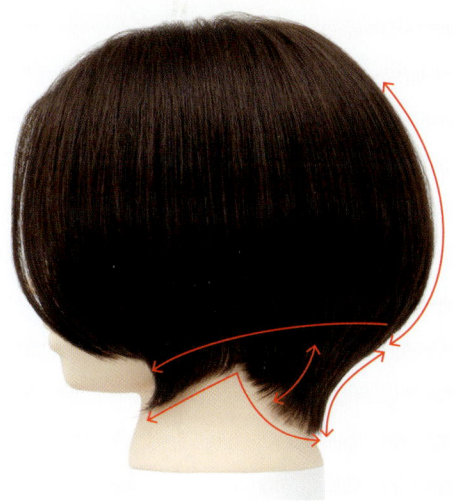

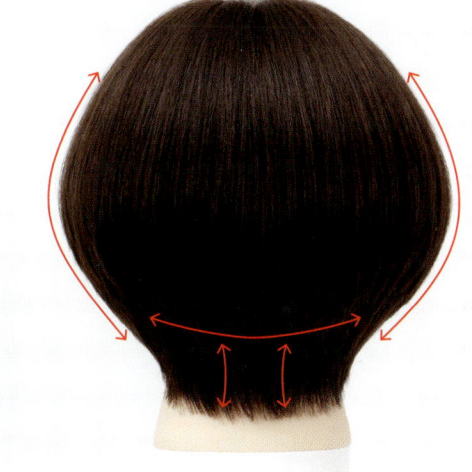

사선 슬라이스 (세로 슬라이스+사선 셰이프)

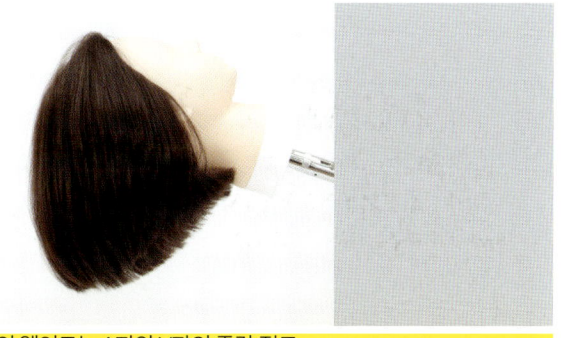

- 폼의 웨이트는 A자와 V자의 중간 정도.
- 웨이트 아래의 잘록함은 적당하고, 확실하게 연결된다.
- 사이드 표면의 아웃 라인은 자연스러운 전대각 라인.
- 사이드 안쪽의 아웃 라인은 머리 가장자리의 형태대로 파였다.
- 백 표면의 아웃 라인은 자연스러운 라운드 형태.

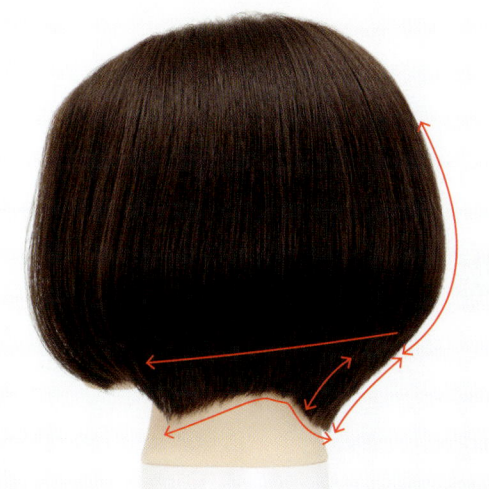

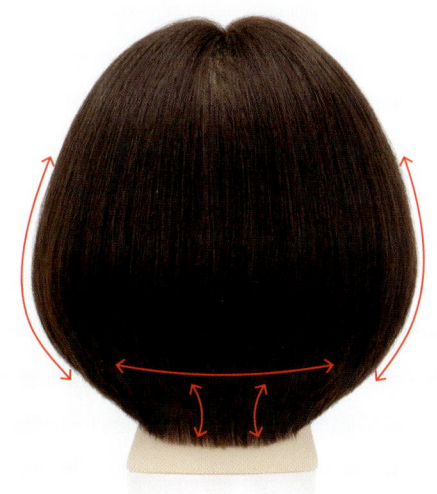

기술 선택 ①
A 슬라이스 X 그라데이션 보브

지금부터는 4가지 그라데이션 보브의 테크닉 구성을 공개.
우선은 4스타일 중에서 가장 무겁게 느껴졌던
[A 슬라이스]로 자른 그라데이션 보브부터.

디자인의 디테일

전체를 후방으로 빗으면 베이스 커트의 특징이 잘 나타난다.
[A 슬라이스]로 구성된 그라데이션은 후두부에서 모류가 멈춰서
무거워지기 때문에 백의 실루엣이 확실하다.

테크닉의 조합

우선은 커트 전체의 흐름을 체크. 기술의 구성을 전개도에서 확인 해보자.
포인트가 되는 것은 패널의 리프팅 조작.

① 백

- 정중선을 경계(기점)로 A 슬라이스로 좌우를 연결한다.
- 네이프의 첫 번째 선은 들어 올려 커트.
- 두개골 아래는 엘레베이션 커트.
- 두개골 위는 더 올려 연결한다.
- 슬라이스 폭이 넓어지는 부분은, 두상의 형태에 맞춰 둥글게 연결한다.

② 사이드

- 슬라이스는 백의 연장선으로 설정(전대각 라인).
- 패널의 리프팅은 가이드가 되는 백에 맞춘다.
- 페이스 라인~표면의 코너를 체크한다.

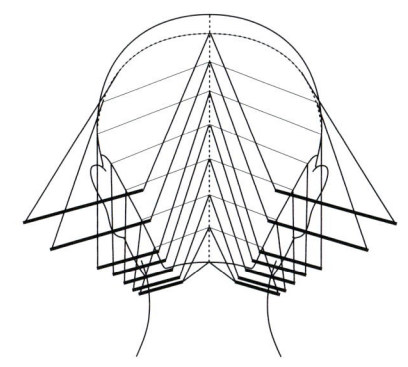
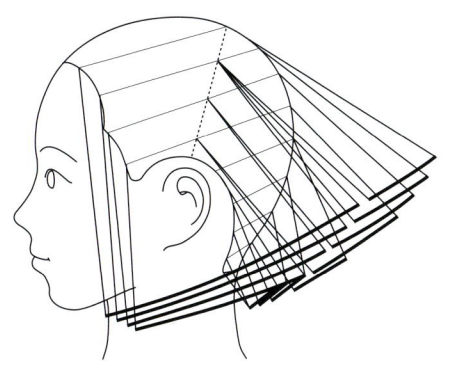

POINT

A 슬라이스로 커트하는 설계는 전대각 라인을 겹쳐가면서 만드는 것으로, 전대각 라인의 폼을 입체적으로 만들 수 있다. 다만 백이 무거워지기 때문에 패널의 리프트 조작에 주의가 필요.

[A 슬라이스]로
자른 그라데이션 보브

[A자]로 커트하는 과정을 해설한다.
슬라이스마다 조절하는 리프팅의 각도에 주목.

CUT PROCESS

① 백

백은 아래부터 위로 올려 엘레베이션, 리프트 업의 순서로 커트한다.
정중선을 경계로 좌우 대칭으로 커트.

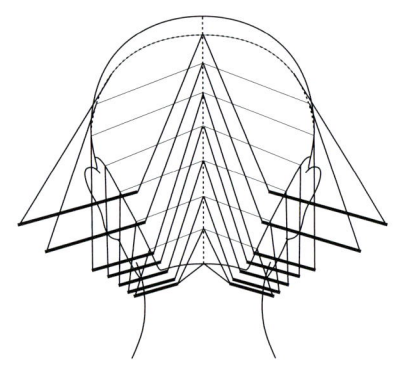

첫 번째

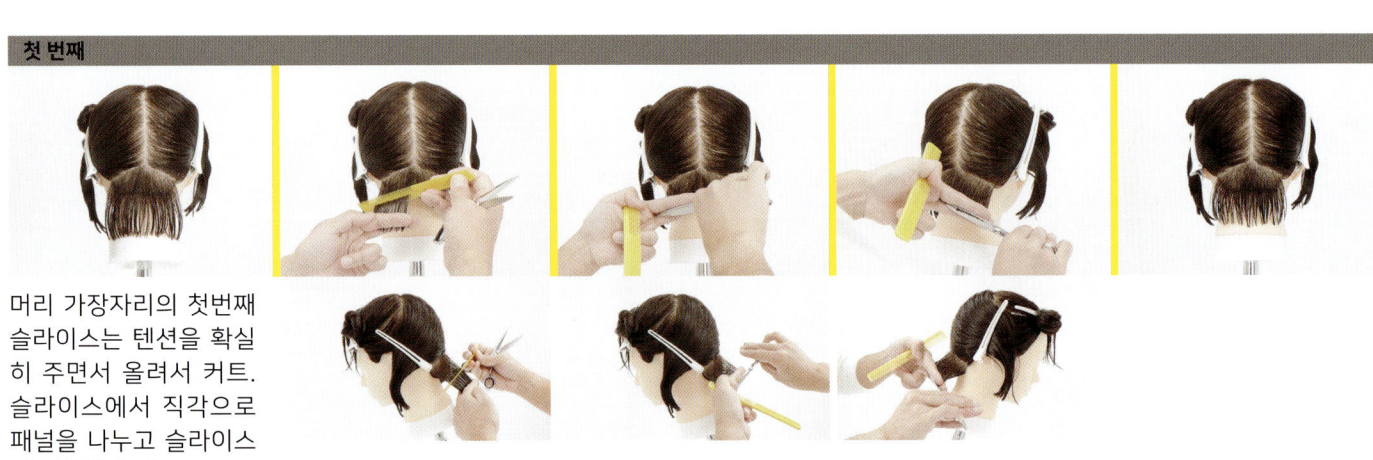

머리 가장자리의 첫번째 슬라이스는 텐션을 확실히 주면서 올려서 커트. 슬라이스에서 직각으로 패널을 나누고 슬라이스와 평행하게 커트.

두 번째

세 번째

3, 4번째 슬라이스는 엘레베이션 커트.

네 번째

폭이 넓어지는 네 번째 슬라이스는, 두상의 곡선과 평행하게 커트.

네 번째

다섯 번째

두개골 위가 되는 다섯 번째 슬라이스는 전 슬라이스보다 리프트 업.

여섯 번째

여섯 번째 슬라이스도 리프트 업.

일곱 번째

마지막 패널도 리프트 업.

백 종료

② 사이드 오버

사이드의 아래부터, 백의 절단면을 가이드로 커트한다.
슬라이스는 백의 연장선상(전대각 라인)으로 설정.

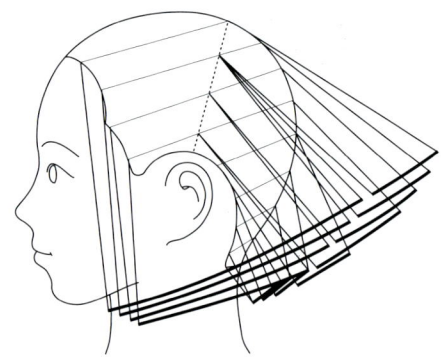

첫 번째

셰이프의 각도는 가이드에 맞춰 연결한다.

두 번째

세 번째 슬라이스

세 번째 이후는 백에서 리프트 업 한 패널이 가이드가 된다.

네 번째 슬라이스

다섯 번째

다섯 번째 슬라이스 이후는 가이드(백)의 절단면이 둥글어진다. 그곳의 코너를 자르지 않도록 주의(코너를 자르면 두상의 곡선의 영향으로 급격하게 짧아진다).

여섯 번째

여섯 번째(마지막 슬라이스)는 패널을 약간 후방으로 셰이프.

체크 커트 섹션 / 체크 커트 첫 번째 / 두 번째 / 세 번째 / 네 번째

프론트 센터, 프론트 코너, 이어 투 이어 포인트를 연결하는 라인으로 섹션을 나눈다.

체크 커트 표면 / 커트 종료

표면의 코너도 커트.

기술 선택 ②
세로 슬라이스 X 그라데이션 보브

계속해서 [세로 슬라이스]로 자른 그라데이션 보브를 픽업.
[A 슬라이스]의 그라데이션 보브와 비교해서
컴팩트한 폼이 특징인 마무리의 구조를 세세하게 파악해 보자.

디자인의 디테일

[세로 슬라이스]에서 자른 그라데이션 보브는, 전체를 후방으로 빗어도 폼은 컴팩트한 상태.
얼굴 주위의 길이가 [A자]보다 짧고
전체적으로 모발끝이 잘 조화되며 미니멈한 형태로 만들어진다.

테크닉의 조합

슬라이스의 특징상, 겹쳐진 모발의 단차 구성을 파악하는 것이 이 커트 방법의 특징. 우선은 전체의 흐름을 파악해 둔다.

① 백

- 전체를 3단(상 중 하)로 나눈다.
- 표면의 길이를 설정 후, 언더의 정중선에 가이드를 만든다.
- 섹션마다 가이드와 평행한 세로 슬라이스로 이동.
- 스퀘어 라인으로 연결한다.
- 표면의 코너를 스퀘어로 체크 커트.

② 사이드

- 백에 맞춰 상하로 섹셔닝.
- 두상의 곡선과 모발이 떨어지는 위치를 파악하고, 귀 뒤쪽 부근에 가이드를 설정.
- 귀 위쪽 부근부터 세로 슬라이스로 이동, 스퀘어로 연결한다.
- 페이스 라인~표면의 코너를 체크 커트.

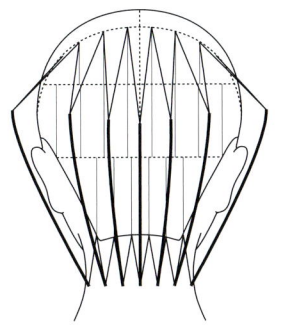
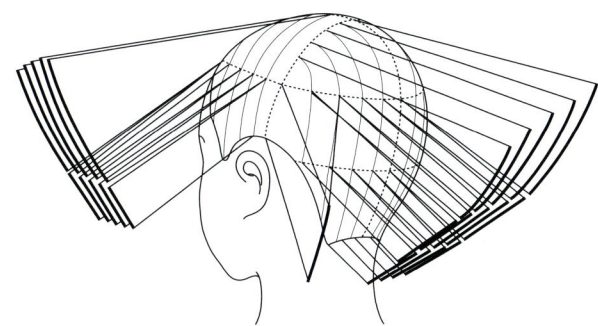
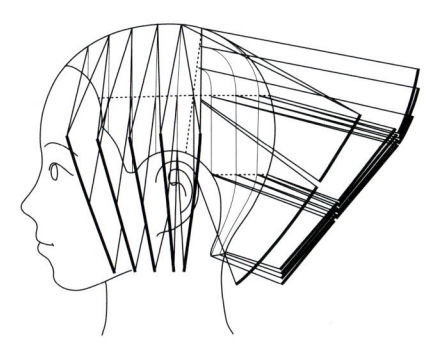

POINT

세로 슬라이스는 두상에 대한 모발이 떨어지는 위치를 항상 확인하면서 커트할 수 있다. 두상의 상하 커브뿐만 아니라 앞뒤의 곡선도 의식해서, 모발 끝이 자연스럽게 떨어지는 위치와 남는 길이를 체크하는 것이 중요.

[세로 슬라이스]로 자른 그라데이션 보브

[세로 슬라이스]의 과정은 매우 심플.
두상의 곡선을 살려, 길이와 단차를 조합한다.

CUT PROCESS

① 백

오버의 길이를 생각해서, 언더의 정중선에 가이드를 만든다.
이후는 스퀘어로 섹션(3단)을 연결한다.

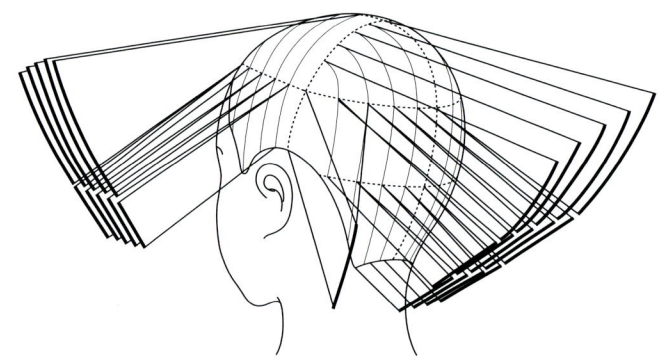

| 언더 길이, 단차 설정 | 언더 첫 번째 (정중선/가이드) | 언더 왼쪽 두 번째 | 언더 왼쪽 세 번째 | 언더 왼쪽 네 번째 |

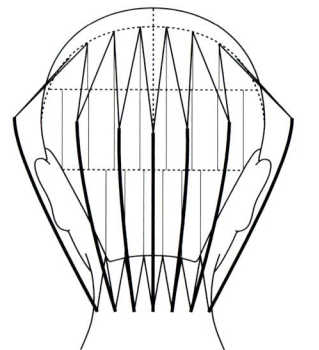     

골덴 포인트의 길이를 빗 한 개정도로 설정. 그라데이션의 각도를 정하고 정중선에 가이드를 만들어 스퀘어로 연결한다.

| 언더 오른쪽 두 번째 | 언더 오른쪽 세 번째 | 언더 오른쪽 네 번째 |

오버 오른쪽 네 번째	체크 커트 길이, 단차 설정	체크커트 정중선	체크커트 왼쪽 첫 번째 슬라이스	체크커트 왼쪽 두 번째 슬라이스

	표면의 모발 끝을 체크. 바닥과 평행하게 패널을 나누고, 빗 한 개의 길이로 수직으로 커트(스퀘어 형태).			

체크커트 오른쪽 첫 번째 슬라이스	체크커트 오른쪽 두 번째 슬라이스	백 종료	

② 사이드 오버

두상의 곡선에 맞춰 백 사이드에 라운드 형태의 가이드를 설정 후,
세로 슬라이스로 평행하게 변형. 스퀘어 형태로 연결한다.

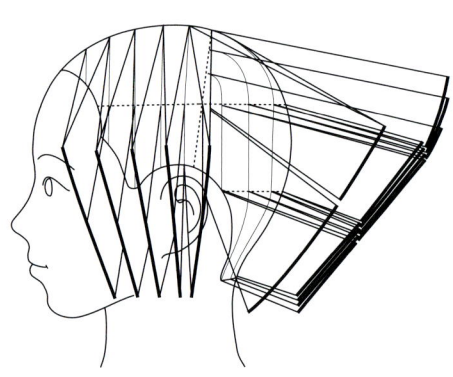

서서히 커트라인을 수직으로.
세 번째부터 스퀘어로 커트.

언더 가이드 설정	언더 첫 번째 (가이드)	언더 두 번째	언더 세 번째	언더 네 번째
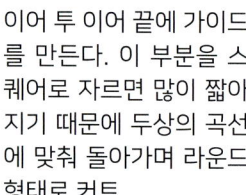				
이어 투 이어 끝에 가이드를 만든다. 이 부분을 스퀘어로 자르면 많이 짧아지기 때문에 두상의 곡선에 맞춰 돌아가며 라운드 형태로 커트.				

언더 다섯 번째	오버 첫 번째 (가이드)	오버 두 번째	오버 세 번째
			이어 투 이어 끝은 언더와 마찬가지로, 두상의 곡선에 맞춰 패널을 잡고 둥글게 커트해서 가이드(첫 번째 선)을 만든다. 	

네 번째부터 두상의 측면에서 바로 뒤쪽으로 패널을 잡고, 페이스 라인까지 스퀘어로 연결한다.

오버 네 번째	오버 다섯 번째	오버 여섯 번째	오버 일곱 번째

체크커트 섹션	체크커트 첫 번째	체크커트 두 번째	체크커트 세 번째	체크커트 표면

[A자]와 마찬가지로, 프론트 센터, 프론트 코너, 이어 투 이어 포인트로 섹셔닝을 하고 코너를 체크.

표면의 코너도 커트.

커트 종료

기술 선택 ③
V 슬라이스 X 그라데이션 보브

다음은 [A자]와 각도가 반대인
[V 슬라이스]로 커트 한 그라데이션 보브를 해설.
[세로 슬라이스] 이상으로 컴팩트하고, 밸런스가 좋은 폼 만들기를 소개.

디자인의 디테일

V 슬라이스의 그라데이션 보브는 전체를 후방으로 빗어 넘기면 모류가 부드럽게
연결되는 것을 알 수 있다. 백이 무거워 지지도 않고
폼이 부드러우며 두상에 연결이 잘 되어 깔끔한 실루엣이 된다.

테크닉의 조합

V 슬라이스는 슬라이스 자체가 두상의 곡선과 머리 가장자리의 형태와 잘 어울린다.
이 특성이 폼의 핏감, 컴팩트한 실루엣으로 이어진다.

① 백

- [세로 슬라이스]와 마찬가지로 3가지 섹션으로 나눈다.
- 언더의 정중선에 세로 슬라이스로 가이드를 설정.
- 언더는 온 베이스로 커트(V 슬라이스).
- 미들은 언더보다 패널을 올리고, 오버는 바닥과 평행하게 셰이프.
- 표면만 온베이스로 체크 커트.

② 사이드 오버

- [머리 가장자리~관자놀이] 세 가지 섹션으로 나누고 백의 연장 후대각 슬라이스로 커트
- 언더는 백의 연장으로 커트.
- 미들(가마~프런트 코너)은 언더의 연장으로 커트.
- 오버(표면)의 첫 번째 슬라이스는 약간 후방으로 쉐이프
- 표면의 코너를 체크 해가면서 페이스 라인까지 이동

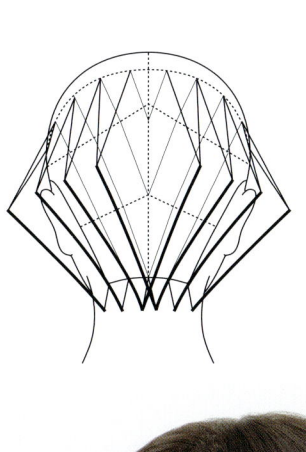
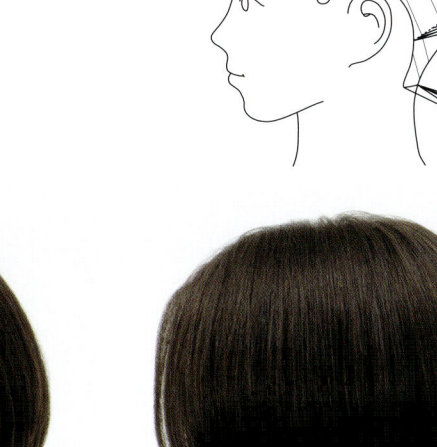

POINT

V 슬라이스(후대각 슬라이스)는, 그 자체가 둥근 두상에 잘 어울리기 때문에 폼도 이마에 잘 연결된다. 슬라이스와 패널의 각도대로라면 숏 스타일에 가까워지기 때문에, 보브를 원하는 경우에 특히 주의가 필요.

[V 슬라이스]로 자른 그라데이션 보브

[V 슬라이스]는 핏감 표현에 최적의 설계.
웨이트는 셰이프와 커트 라인으로 조절한다.

CUT PROCESS

① 백

백은 A자 형태로 3단으로 섹셔닝.
패널은 모두 슬라이스에 대해서 90도로 셰이프하고, 리프트 각도를 조절하면서 폼을 만들어본다.

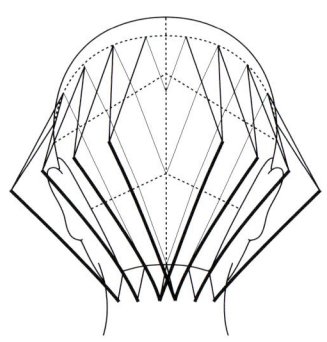

| 언더 섹셔닝 | 언더 정중선 (가이드/세로 슬라이스) | 언더 왼쪽 첫 번째 | 언더 왼쪽 두 번째 | 언더 왼쪽 세 번째 |

옥시피탈과 좌우의 귀 뒤쪽을 연결하는 A자 형태의 라인으로 언더를 나눈다. 정중선에 세로 슬라이스로 가이드를 만들고, V 슬라이스로 커트를 한다.

| 체크커트 정중선 (가이드/세로 슬라이스) | 체크커트 왼쪽 첫 번째 | 체크커트 왼쪽 두 번째 | 체크커트 왼쪽 세 번째 |

온 베이스로 코너를 체크한다. 이어 투 이어에 따라 정중선부터 귀 뒤쪽까지 커트.

| 체크커트 왼쪽 네 번째 | 체크커트 왼쪽 다섯 번째 | 백 종료 |

반대 사이드도 똑같이 체크 커트.

② 사이드 오버

사이드부터 오버는 3단으로 섹셔닝. 백의 연장에서 전대각으로 섹션을 나누고, V(후대각) 슬라이스로 커트를 진행한다.

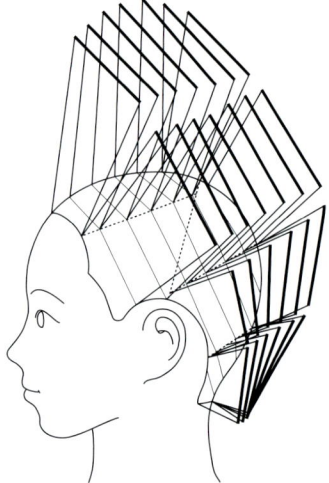

| 언더 섹션&슬라이스 | 언더 첫 번째 슬라이스 | 언더 두 번째 슬라이스 | 언더 세 번째 슬라이스 | 언더 네 번째 슬라이스 |

언더는 관자놀이까지. 백과 마찬가지로 전대각(A자 형태)으로 섹션을 나누고 V 슬라이스(후대각)로 이동.

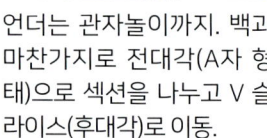

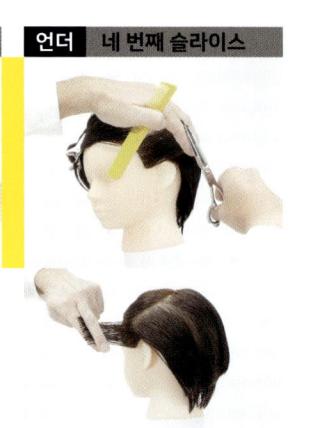

| 미들 첫 번째 슬라이스 | 미들 첫 번째 슬라이스 | 미들 세 번째 슬라이스 |

미들은 가마와 프론트 코너를 연결하는 라인으로 섹셔닝. 온 베이스로 커트를 진행한다.

패널을 끼운 손가락의 끝이 항상 백 코너를 향하도록 해서 자른다.

  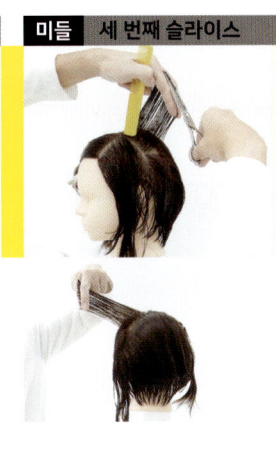

| 미들 네 번째 슬라이스 | 미들 다섯 번째 슬라이스 | 미들 여섯 번째 슬라이스 |

   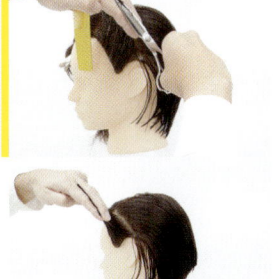

머리 가장자리는 가이드가 되는 하단부터 텐션을 주어 코너를 없앤다.

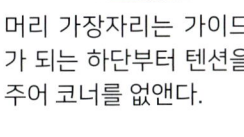

| 오버 첫 번째 슬라이스 | 오버 두 번째 슬라이스 | 오버 세 번째 슬라이스 | 오버 네 번째 슬라이스 | 오버 다섯 번째 슬라이스 |

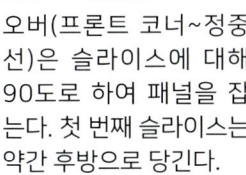

오버(프론트 코너~정중선)은 슬라이스에 대해 90도로 하여 패널을 잡는다. 첫 번째 슬라이스는 약간 후방으로 당긴다.

커트 종료

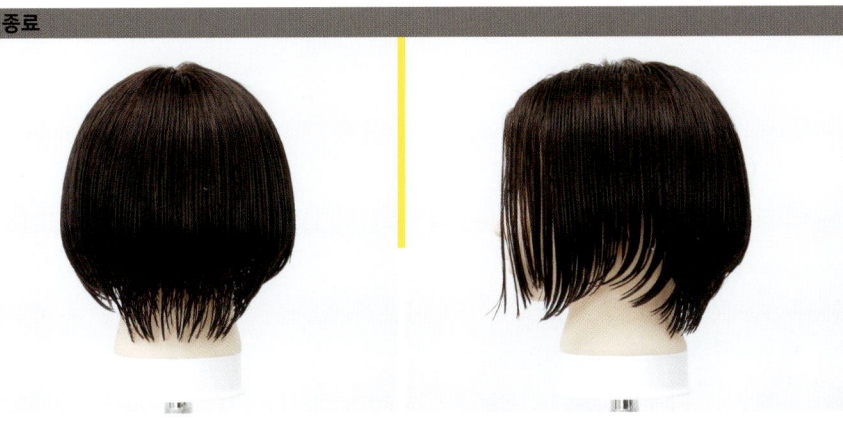

기술 선택 ④
사선 슬라이스(세로 슬라이스+사선 셰이프)×그라데이션 보브

[밸런스 조작편]의 마지막은 [사선 슬라이스]의 그라데이션 보브를 파악.
정확하게 이동할 수 있는 세로 슬라이스부터, 사선으로 패널을 셰이프하는 테크닉과
그 과정을 알아 보자.

디자인의 디테일

사선 슬라이스의 그라데이션 보브에서는 전체를 후방으로 빗어 넘기면,
모류가 폼에 조화되면서 백의 웨이트가 강조된다.
[A 슬라이스]만큼 무겁지 않고, 귀 뒤쪽 부근이 피트해지면서 밸런스가 생긴다.

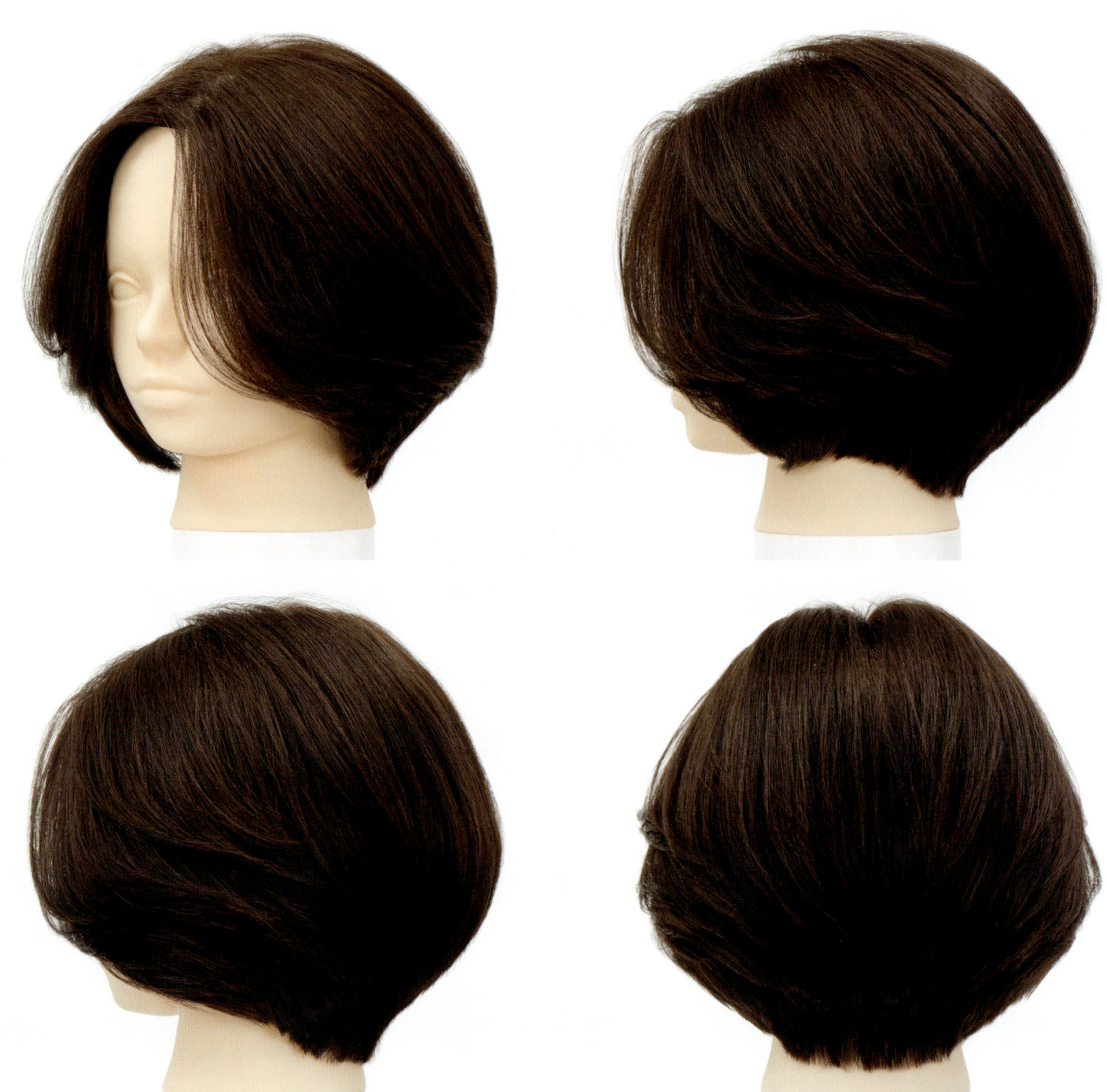

테크닉의 조합

사선 슬라이스로 만들어지는 폼은 A자와 V자의 중간 정도의 웨이트를 느낄 수 있다.
포인트는 패널 섹션의 대각선에 맞춘 커트라인이 겹쳐지는 형태이다.

① 백

- 귀 뒤쪽, 두개골 높이에서 전체를 3가지 섹션으로 나눈다.
- 정중선에서 좌우를 향해서 세로 슬라이스로 이동.
- 커트라인이 패널 섹션의 대각선상이 되도록 커트한다.
- 언더부터 오버까지 스퀘어로 연결한다.

② 사이드 오버

- 백 오버의 2단과 같은 형식으로 섹셔닝.
- [세로 슬라이스]와 같이, 백 사이드에 가이드를 설정.
- 귀 위 부근부터 스퀘어로 절단면을 연결한다.
- 언더, 오버 모두 똑같이 커트.
- 얼굴 주위~표면의 코너를 체크 커트.

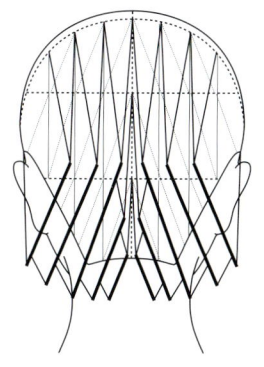
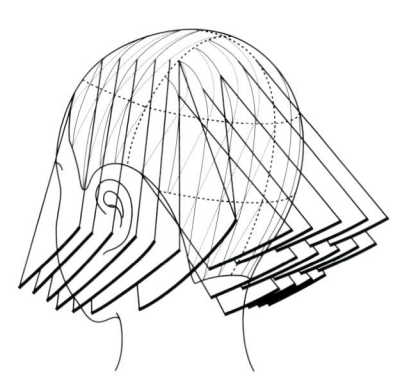

POINT

이 테크닉의 포인트는 절단면을 [패널의 섹션의 대각선상]으로 하는 것. 바꾸기 쉬운 세로 슬라이스로 하면서 스퀘어로 하고, 정확하게 [대각선상으로 세이프]해서 연결하는 것이 중요하다.

「사선 슬라이스(세로 슬라이스+사선 셰이프)」로 자른 그라데이션 보브

셰이프와 절단면의 각도에 주목해야 한다.
각도의 정확성이 밸런스 좋은 폼을 만든다.

CUT PROCESS

① 백

[세로 슬라이스]와 마찬가지로, 백은 3가지 섹션으로 나눈다.
슬라이스 폭은 넓게 하고, 언더부터 진행한다.

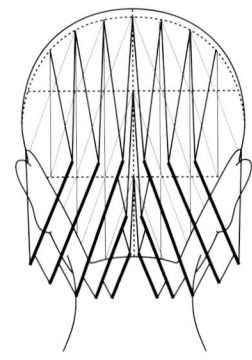

정중선 끝부터 한쪽의 사이드 3개 슬라이스로 헴 라인까지 이동. 콤으로 가르킨 것처럼 절단면을 패널 섹션의 대각선으로 설정하고 스퀘어로 연결한다.

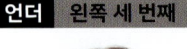

반대쪽도 똑같이 커트한다.

미들은 두개골의 높이에서 바닥과 평행하게 섹션을 나누고, 언더를 가이드로 같은 슬라이스, 셰이프로 커트를 한다.

미들 왼쪽 첫 번째	미들 왼쪽 두 번째	미들 왼쪽 세 번째

뒤쪽으로 패널을 당기고, [대각선]의 절단면을 유지하면서 스퀘어로 연결한다.

미들 오른쪽 첫 번째	미들 오른쪽 두 번째	미들 오른쪽 세 번째

오버도 지금까지와 같은 형태로 커트. 패널을 비틀어 자르기 때문에 표면의 코너는 잘린다.

오버 왼쪽 첫 번째	오버 왼쪽 두 번째	오버 왼쪽 세 번째

오버 오른쪽 첫 번째	오버 오른쪽 두 번째	오버 오른쪽 세 번째	백 종료	
				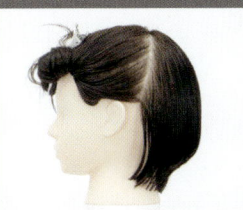

② 사이드 오버

사이드부터 오버는 백의 미들, 오버와 높이를 맞춰 섹셔닝.
[세로 슬라이스]와 마찬가지로 두상의 곡선을 파악해서 가이드를 만들고 [대각선의 커트라인]을 연결한다.

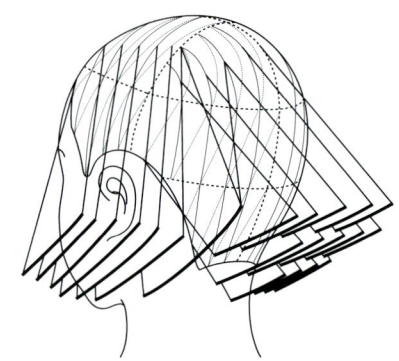

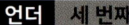

이어 투 이어 끝부터 두상에 맞춰 돌아가며 패널을 잡고 라운드 형태로 잘라 가이드를 만든다(첫 번째 슬라이스).

두상의 곡선에 맞춰 서서히 돌아가면서 커트하고, 네 번째 슬라이스부터 스퀘어로 이동. 커트라인은 [대각선]을 유지.

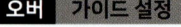

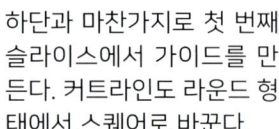

하단과 마찬가지로 첫 번째 슬라이스에서 가이드를 만든다. 커트라인도 라운드 형태에서 스퀘어로 바꾼다.

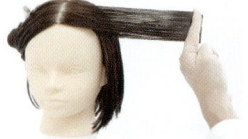

체크커트 섹션	체크커트 첫 번째	체크커트 두 번째	체크커트 세 번째	체크커트 표면

    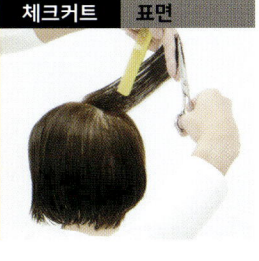

A자, 세로 슬라이스와 같은 섹션으로 나누고 사선~가로 슬라이스에서 코너를 체크. 표면의 코너도 커트.

커트 종료

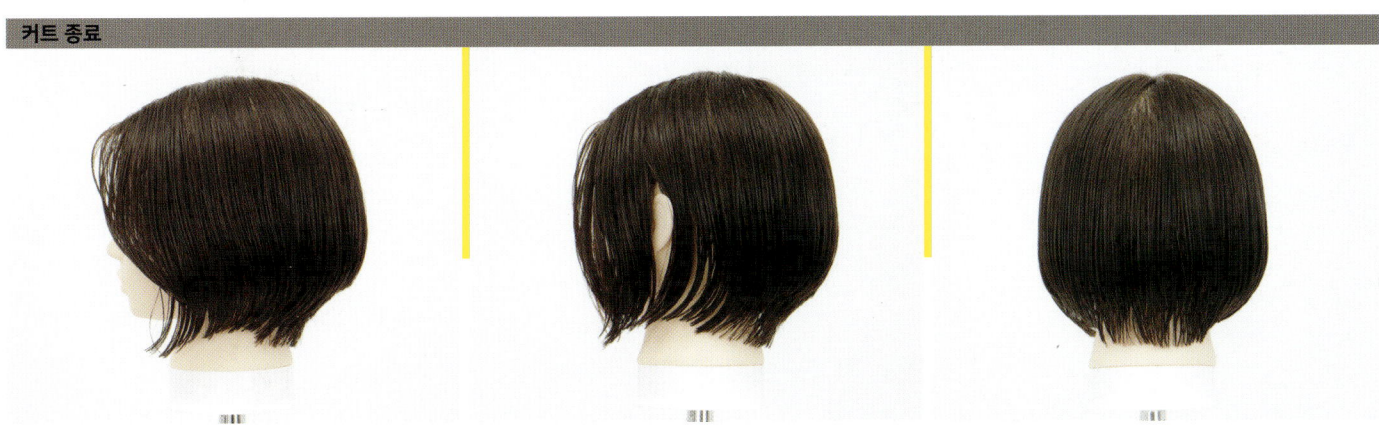

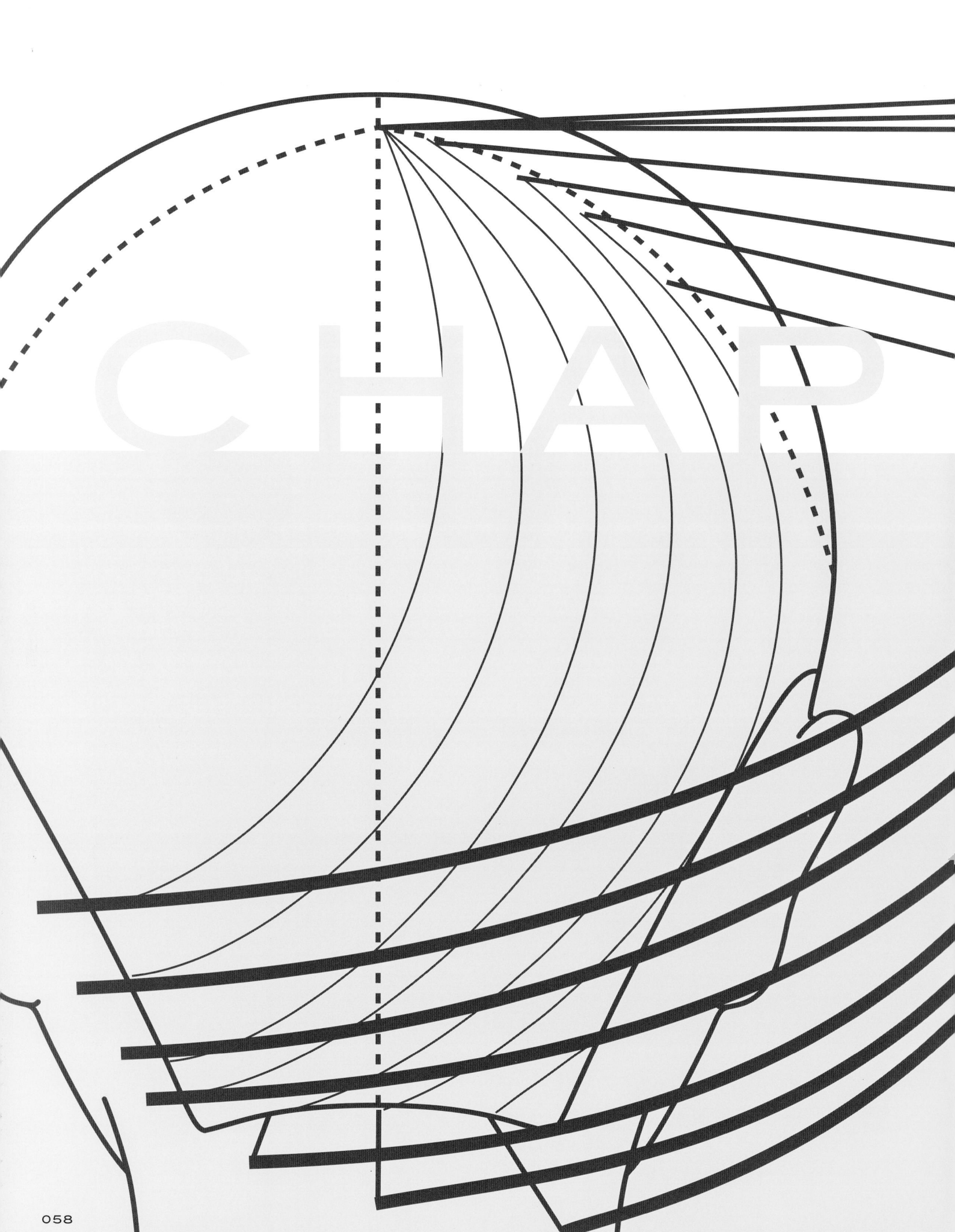

그라데이션 보브 만들기 ~ 폼 조작편

그라데이션 보브의 밸런스 조작에 이어, 본 챕터에서는 [폼의 곡선]을 만드는 커트의 설계법을 소개. 랭스 등은 전 챕터와 같은 형식으로 고정. 커트 방법으로 폼의 두께, 무게, 실루엣을 조작하고 [폼]의 디테일을 만드는 테크닉을 해설한다.

그라데이션 보브의 폼을 컨트롤한다

같은 랭스 설정의 그라데이션 보브라도
커트 방법에 따라 폼의 곡선이 달라진다.
밸런스와 마찬가지로 폼은
스타일 전체의 인상에 큰 영향을 주기 때문에,
고객에게 작은 변화를 제안할 때 중요하다.

같은 랭스의 그라데이션 보브에 [폼]을 만든다

GRADATION BOB 5	GRADATION BOB 6
로우 그라데이션	사이드 그라데이션

그라데이션 보브의 폼 조작의 설계는, [로우 그라데이션] [사이드 그라데이션] [방사상 슬라이스] [멀티 슬라이스] 4가지.
밸런스 조작과 마찬가지로 본 챕터에서도, 같은 조건의 모델 위그에 기술을 적용, 각각의 차이를 해설한다.
이 페이지에서는 구체적인 디자인의 차이에 관해서 알아보기 전에 4가지 테크닉의 [특징]을 살린 스타일을 소개. 폼과 실루엣의 곡선은 물론, 디테일의 변화에 주목하자.

GRADATION BOB 7
방사상 슬라이스

GRADATION BOB 8
멀티 슬라이스

기술 선택으로 바뀌는 폼의 곡선

CHAPTER 2와 같이, 4가지의 그라데이션 보브를 같은 시선에서 보고
디자인적인 차이를 비교. 두께와 무게에 의한 곡선에 어떠한 변화가 있는지 확인해 보자.

로우 그라데이션

사이드 그라데이션

방사상 슬라이스   멀티 슬라이스

기술 선택과 디테일의 변화

계속해서 4가지의 테크닉으로 마무리 한 각 스타일의 디테일을 검증.
곡선으로 연결된 웨이트, 아웃 라인 등의 차이를 체크.

로우 그라데이션

- 사이드 안쪽의 아웃 라인이 수평이 된다.
- 폼의 웨이트는 낮다(그라데이션의 폭이 좁다).
- 웨이트 라인은 수평, 약간 전대각 라인.
- 백의 폼도 중심이 낮고 완만한 곡선.
- 네이프 주위에 자연스러운 곡선이 생긴다.

사이드 그라데이션

- 사이드 안쪽의 아웃 라인에 두꺼운 원랭스가 남아 있다.
- 아웃 라인은 수평, 귀 뒤쪽부터 급격하게 바뀐다.
- 웨이트 라인은 약간 후대각 라인에서 수평이 된다.
- 웨이트감이 강하고, 곡선이 강조되어 있다.
- 네이프 부분이 연결되고, 낮은 위치에 잘록함이 생겼다.

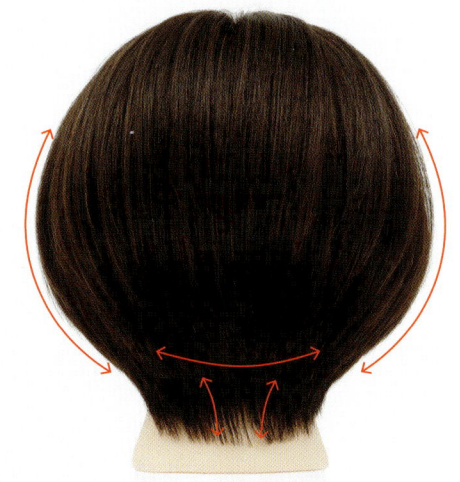

방사상 슬라이스

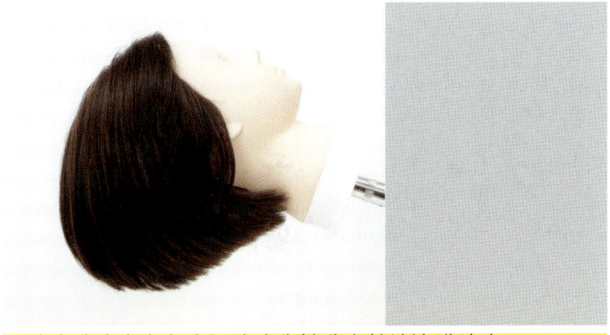

- 머리 가장자리의 아웃 라인에 형태가 확실히 생겼다.
- 웨이트 라인은 수평.
- 아웃 라인이 약해지고, 숏의 인상을 준다.
- 웨이트가 높고, 폼이 컴팩트.
- 네이프 부분에 잘 어울리고 깔끔한 곡선.

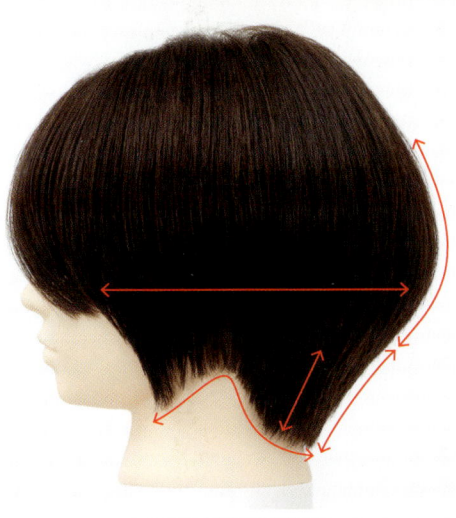

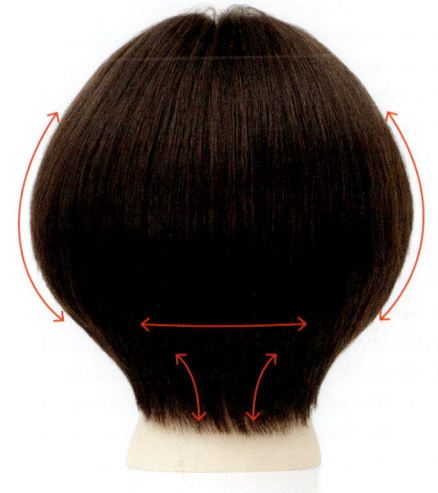

멀티 슬라이스

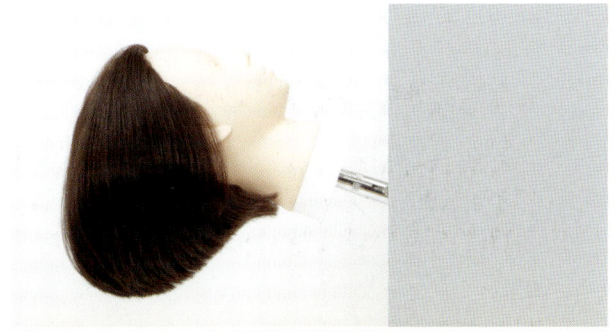

- 사이드의 웨이트가 약간 위쪽 방향으로 푹 패였다.
- 백의 웨이트 라인은 자연스러운 라운드 형태.
- 아웃 라인에 귀 주위~구레나룻의 머리 가장자리에 형태가 생겼다.
- 네이프 부분이 핏되고 폼에 잘록함이 더해졌다.
- 웨이트감이 강하고, 곡선이 강조되어 있다.

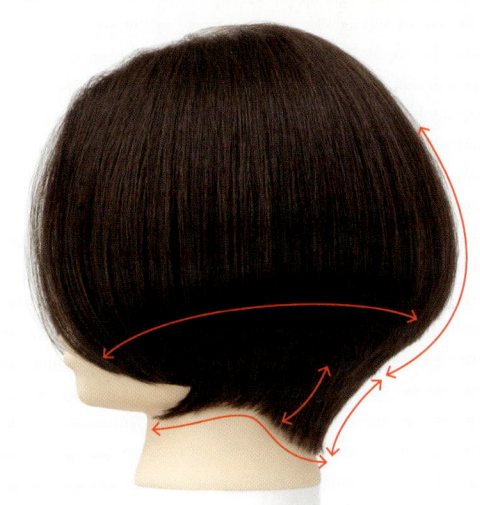

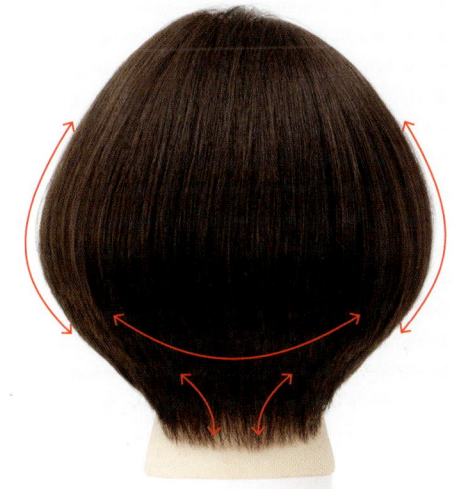

기술 선택 ① 로우 그라데이션 X 그라데이션 보브

폼과 실루엣의 곡선은 그라데이션 보브의 특징으로,
여성스러움을 크게 좌우하는 요소이다.
우선은 4가지의 선택 중에서 가장 무거운 [로우 그라데이션]부터 해설.

디자인의 디테일

로우 그라데이션 보브에서는 전체를 백으로 빗어 넘기면 네이프 부분이 무겁게 쌓이고
완만한 곡선의 실루엣이 된다. 아웃 라인의 두께감을 남기고 있기 때문에
네이프의 커트라인이 무너지지 않으며 표면의 그라데이션에 의해서 폼이 둥글어진다.

테크닉의 조합

2장과 마찬가지로, 우선은 커트 프로세스의 전체 이미지를 체크.
포인트는, 사이드~백의 아웃 라인의 두께를 유지 하는 것.

① 아웃 라인(원랭스)

- 백, 사이드 순서로 밑에서 부터 원랭스로 커트.
- 모두 가로 슬라이스로 커트를 진행하고, 두께를 조절한다.

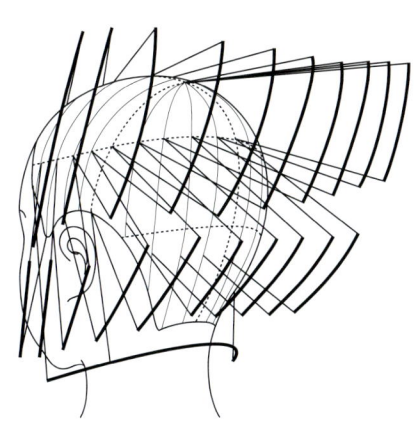

② 그라데이션 커트/백

- 골덴 포인트의 길이를 설정.
- 정중선의 가마~옥시피탈에 세로 슬라이스로 가이드를 설정(옥시피탈 밑의 모발은 남긴다).
- 이어 투 이어에 따라, 방사상에 가까운 슬라이스로 귀 뒤쪽까지 커트한다.
- 위에서 2패널로 나누고 전슬라이스 위치로 연결한다.
- 아웃 라인의 두께를 없애지 않도록 주의.

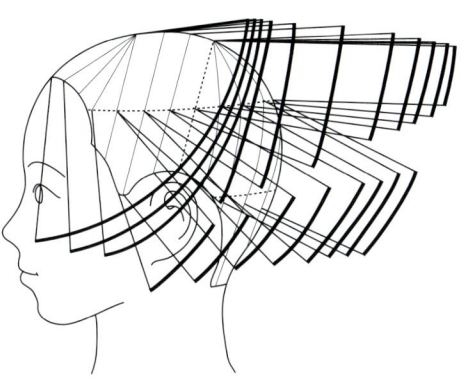

③ 그라데이션 커트/오버 사이드

- 백을 가이드로, 사선 슬라이스(전대각 라인)에서 얼굴 주위까지 평행하게 커트한다.
- 위에서 2패널로 나누고 전 슬라이스 위치로 연결한다.
- 페이스 라인의 마지막 패널은, 머리의 측면에 대해서 90도로 커트.

POINT

로우 그라데이션의 최대 포인트는 아웃 라인의 두께감을 남기는 것. 그라데이션을 넣을 때 옥시피탈 밑까지 둥글게 연결하면 아웃 라인이 얇아진다. 특히 귀 주위에 틈이 생길 수 있기 때문에 주의한다.

[로우 그라데이션]으로 자르는 그라데이션 보브

우선은 폼의 토대가 되는, 두꺼운 원랭스로 커트.
그 곳의 위에서 그라데이션을 넣는다.

CUT PROCESS

① 아웃 라인(원랭스)
밑에서 가로 슬라이스로 잘라 확실한 두께감을 만든다.

BEFORE

백 첫 번째

가로 슬라이스로 섹션을 나누고, 콤으로 잡아 원랭스로 커트. 백 포인트(두 번째 슬라이스)까지는 스퀘어로 연결한다.

백 두 번째

백 세 번째

백 네 번째

이어 투 이어 끝의 사이드쪽은 손가락으로 패널을 당긴다.

	사이드 첫 번째	사이드 두 번째	원랭스 종료

사이드도 가로 슬라이스로 섹션을 나누고, 손가락으로 패널을 당겨 원랭스로 자른다.

② 그라데이션 커트/백

오버의 길이를 설정 후, 위에서 아래쪽으로 그라데이션을 연결한다.
다만 아웃 라인이 되는 옥시피탈의 아래는
모발을 확실하게 남긴다.

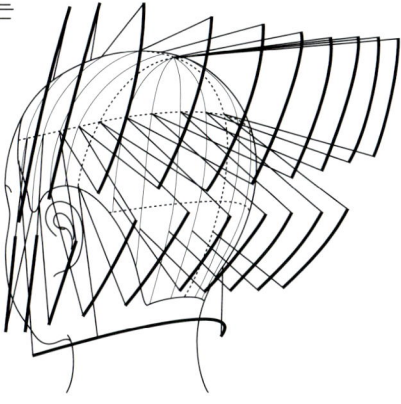

길이, 단차 설정	첫 번째 (정중선/세로 슬라이스)	

골덴 포인트부터 모발을 잡고, 오버의 길이를 정한다. 이번에는 콤의 한 개 길이로 설정.

정중선에 세로 슬라이스를 잡고, 표면의 코너를 체크하면서 골덴 포인트로 설정한 길이에서 옥시피탈까지 그라데이션을 넣어, 가이드를 설정.

	두 번째		세 번째	

두 번째 슬라이스 이후는 약간 방사상 또는 라운드 형태로 슬라이스를 나누고, 전 슬라이스 앞의 위치로 연결한다. 옥시피탈의 높이보다 아래는 남긴다.

이어 투 이어까지, 전 슬라이스 앞의 위치로 연결한다.

③ 그라데이션 커트/오버 사이드

사이드는 전대각 라인의 사선 슬라이스로 커트.
백과 마찬가지로 패널을 전 슬라이스 앞의 위치로 쉐이프하고 위부터 연결한다.

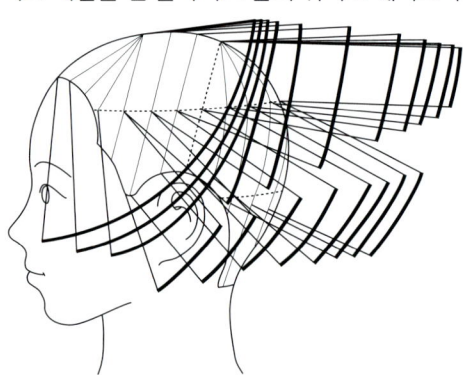

표면부터 3패널로 나누어서 커트. 1패널째는 레이어 형태의 절단면이 된다. 백을 가이드로 전 슬라이스 앞의 위치로 연결한다.

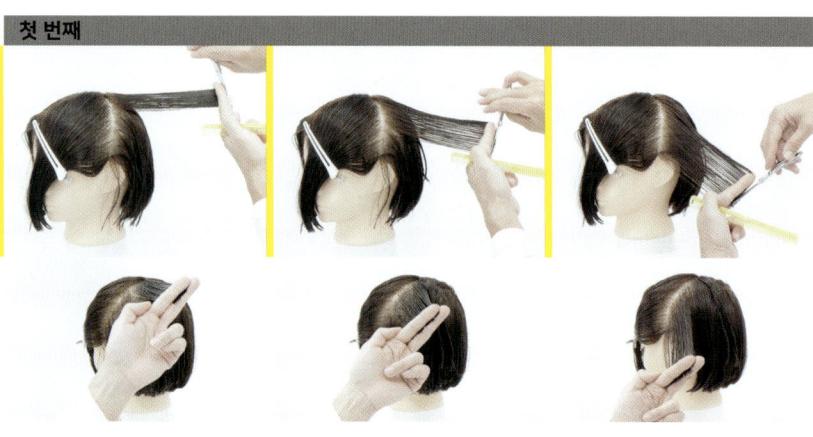

두 번째

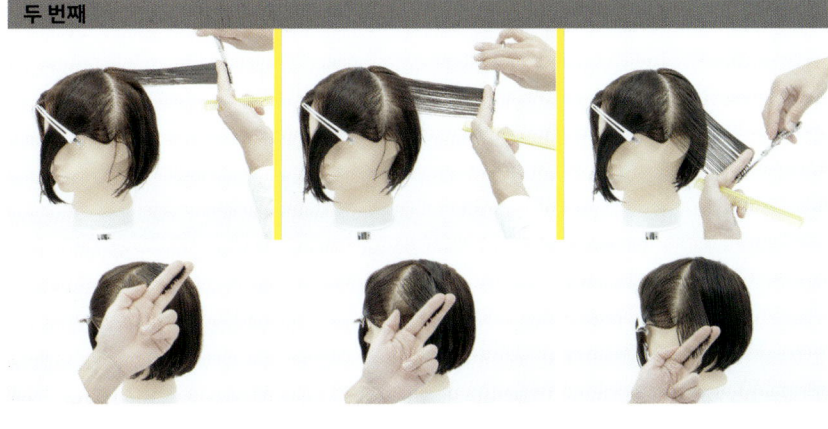

세 번째

네 번째

프론트 코너를 넘은 네 번째 슬라이스부터는 한 패널에서 커트.

다섯 번째

커트 종료

마지막 슬라이스만, 두상의 측면에서 90도로 패널을 당겨 연결한다.

기술 선택 ②
사이드 그라데이션 X 그라데이션 보브

지금부터는, [로우 그라데이션]보다도 웨이트 느낌이 있는 곡선이 특징인
사이드 그라데이션의 테크닉 구성을 해설.
지금까지 소개 한 프로세스와 커트 순서가 크게 다르다.

디자인의 디테일

사이드 그라데이션은 다른 그라데이션 보브와 비교해서, 얼굴 주위~프론트의 길이가 짧기 때문에
전체를 후방으로 빗어 넘기면 웨이트 라인이 후대각으로 된다.
또 무거워질 수 있는 귀 뒤쪽은 비교적 타이트하고 컴팩트한 마무리가 되었다.

테크닉의 구성

사이드의 폼과 아웃 라인이 특징인 [사이드 그라데이션]은 지금까지의 그라데이션 보브와 달리, 얼굴 주위부터 커트를 시작

① 사이드

- 아웃 라인의 랭스를 정하고, 가로 슬라이스로 그라데이션을 넣는다.
- 표면까지 엘레베이션 커트로 연결한다.

② 백

- 이어 투 이어끝에 가이드를 만든다.
- 이어 투 이어부터 라운드 형태의 슬라이스로 이동.
- 위부터 5패널로 나누어서 그라데이션을 연결한다.
- 반대 사이드의 귀 뒤쪽 부근까지 커트.

③ 반대 사이드부터

- ①의 사이드, ②의 백과 좌우 대칭으로 반대 사이드부터 커트.
- 사이드는 엘레베이션, 백은 라운드 형태로 그라데이션을 넣는다.

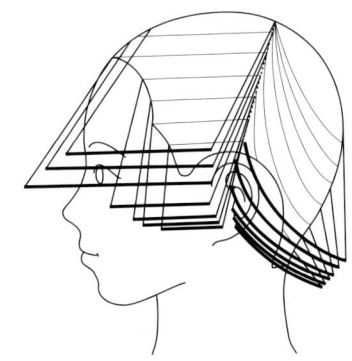
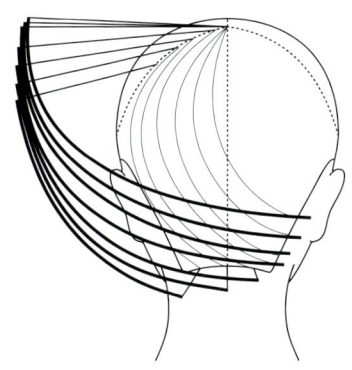
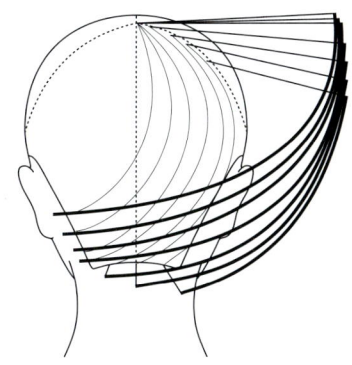

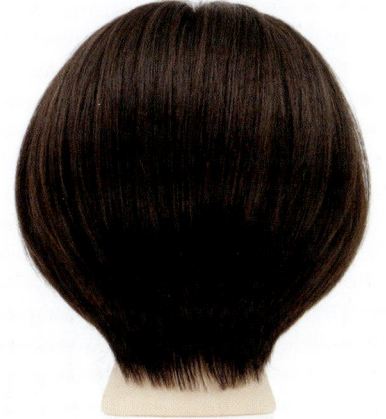

POINT

이 테크닉은 사이드를 가로 슬라이스로 밑에서 부터 커트를 진행하기 때문에 표면에 코너가 생긴다. 더욱 매끄러운 곡선을 만들기 위해서는 엘레베이션의 각도 설정에 주의해야 한다. 두개골 위는 두개골 아래보다 각도를 올려 커트한다.

[사이드 그라데이션]으로
자르는 그라데이션 보브

사이드 그라데이션은 가로 슬라이스와 라운드 형태의 슬라이스로 구성.
양쪽 모두 매끄럽게 연결한다.

CUT PROCESS

① 사이드 오버

우선은 아웃 라인의 길이를 정하면서, 가로 슬라이스로 그라데이션을 넣는다.
엘레베이션으로 위로 이동 후 표면까지 연결한다.

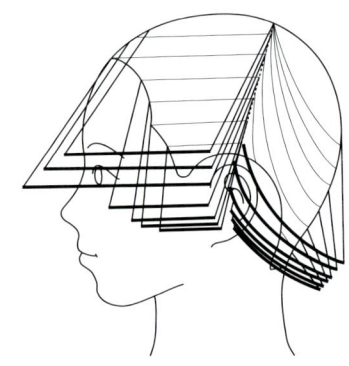

| BEFORE | 첫 번째 | 두 번째 | 세 번째 |

가로 슬라이스로 손가락 한 마디 길이의 각도로 패널을 나누고, 랭스를 결정하면서 첫 번째 슬라이스를 커트. 두 번째 이후는 엘레베이션.

| 네 번째 | | | 다섯 번째 |

두개골 위가 되는 다섯 번째 슬라이스는 네 번째 슬라이스 보다 각도를 올려(손가락 두 마디 정도) 커트.

| 표면은 바닥과 평행보다 약간 낮은 정도까지 리프팅. | 여섯 번째 | | 왼쪽 사이드 종료 |

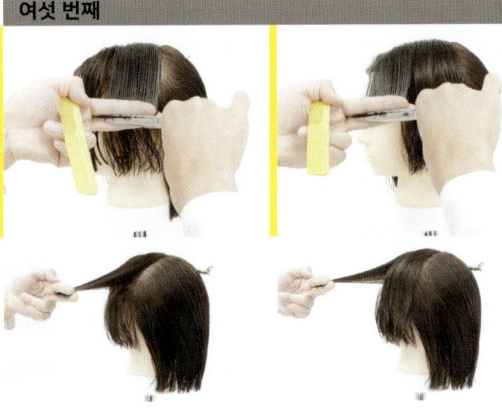

② 백

이어 투 이어 끝부터 네이프~반대 사이드의 헴 라인을 연결하는 라운드 형태의 슬라이스를 설정.
사이드를 가이드로 라운드 형태로 그라데이션을 넣는다.

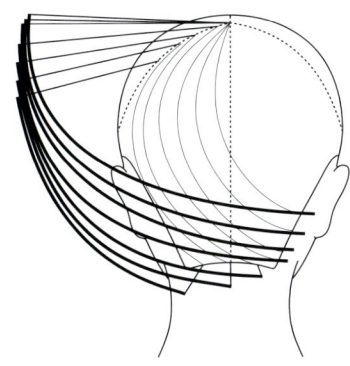

| 가이드 | 첫 번째 | | | |

가마부터 헴라인에 따라 슬라이스를 나누고 사이드의 이어 투 이어 끝을 가이드로 위부터 5패널로 나누어서 연결한다.

| | | 두 번째 | 세 번째 |

두 번째 슬라이스는 가마부터 네이프 센터로 슬라이스를 설정.

세 번째 슬라이스는 가마부터 오른쪽 백 코너까지.

세 번째

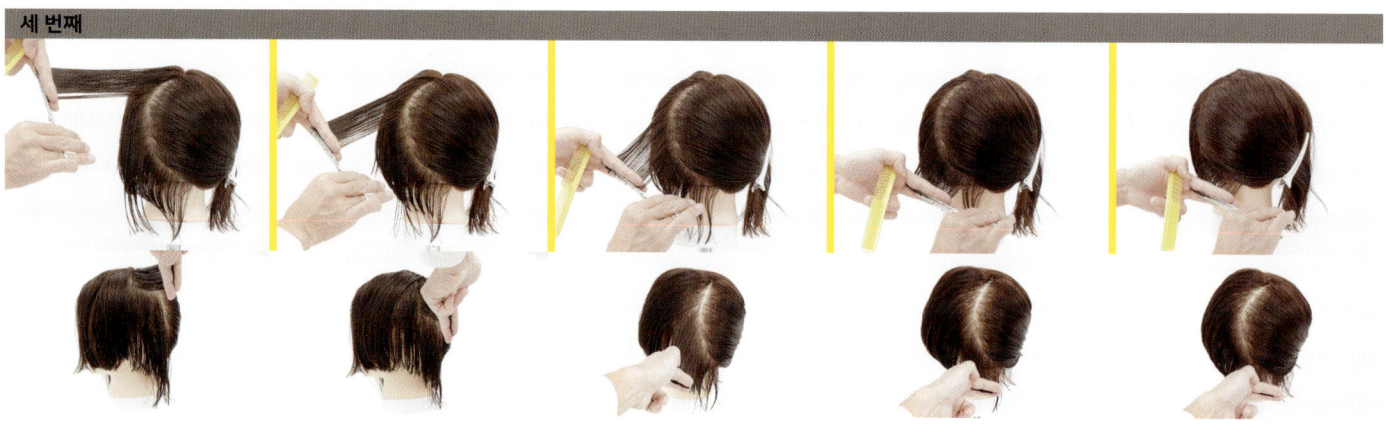

네 번째

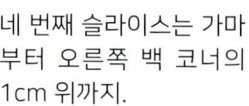

네 번째 슬라이스는 가마부터 오른쪽 백 코너의 1cm 위까지.

다섯 번째

다섯 번째가 마지막 슬라이스. 가마부터 네 번째 선의 약간 위까지.

왼쪽 백 종료

③ 반대 사이드부터
사이드, 백 순서로 반대 사이드와 똑같이(백은 좌우 대칭) 커트.

오른쪽 사이드

왼쪽 사이드와 마찬가지로 엘레베이션 커트.

백 첫 번째 선

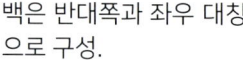

백은 반대쪽과 좌우 대칭으로 구성.

GRADATION BOB 6

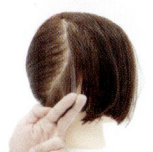

백 두 번째

반대쪽 사이드의 절단면과 코너를 체크하면서 커트한다.

백 세 번째

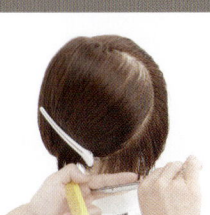

백 네 번째

백 다섯 번째

이쪽도 다섯 번째가 마지막 슬라이스. 코너를 체크하면서 매끄러운 폼으로 만든다.

커트 종료

기술 선택 ③
방사상 슬라이스 X 그라데이션 보브

미니멈하고 타이트한 둥근 실루엣을 원하는 경우에
적합한 것이 [방사상 슬라이스].
컴팩트한 곡선을 효율적으로 만드는 커트의 설계를 알아 보자.

디자인의 디테일

방사상 슬라이스의 그라데이션 보브는 표면의 길이가 짧아지기 때문에
전체를 후방으로 빗어 넘겨도 백이 무거워 않는다.
전체의 폼이 컴팩트하고, 실루엣은 오른쪽 페이지의 상태에서 거의 달라지지 않는다.

테크닉의 구성

방사상 슬라이스의 과정은 길이 설정 후 표면부터 커트하는 설계.
가벼운 폼을 만들기는 쉽지만,
너무 무겁지 않도록 패널을 조작해야 한다.

① 백

- 아웃 라인의 랭스를 설정.
- 골덴 포인트의 길이를 설정.
- 정중선에 세로 슬라이스로 가이드를 만든다.
- 가마를 기점으로 방사상 슬라이스로 이동.
- 모두 슬라이스에 대해서 온베이스로 위에서 연결한다.
- 이어 투 이어까지 연결한다.

② 오버 사이드

- 백과 마찬가지로 가마를 기점으로 방사상의 슬라이스로 이동.
- 이어 투 이어 끝을 가이드로 슬라이스에 대해서 온 베이스로 커트.
- 표면의 마지막 패널은 정중선이 된다.

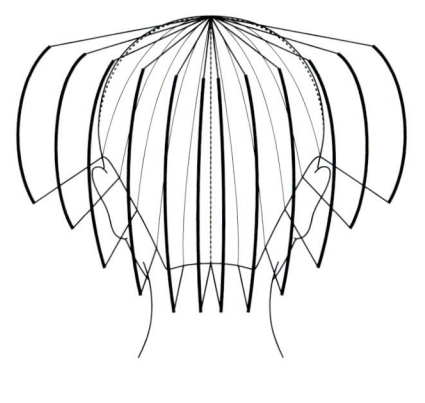
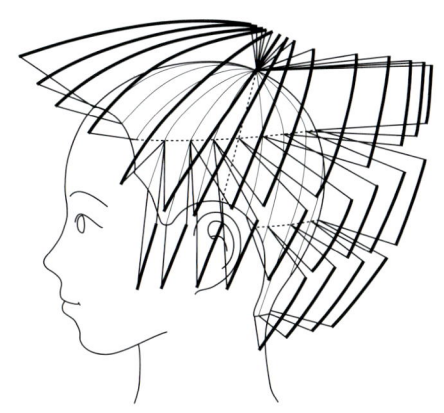

POINT

위부터 커트하는 방사상 슬라이스의 과정은 [길이를 바꾸지 않고 형태를 바꿀] 때에도 효과적이다. 모든 슬라이스에서 온 베이스로 연결하기 때문에 두상의 곡선을 파악하고, 스퀘어하게 되지 않도록 커트하는 것이 중요하다.

[방사상 슬라이스]로 자르는 그라데이션 보브

방사상 슬라이스의 과정에서는 두상의 곡선에 맞춰
확실하게 커트하여 연결하는 것이 포인트.

CUT PROCESS

① 백

랭스 설정 후, 정중선에 가이드를 만들고
방사상의 슬라이스부터(슬라이스에 대해서) 온베이스로 커트. 절단면을 연결한다.

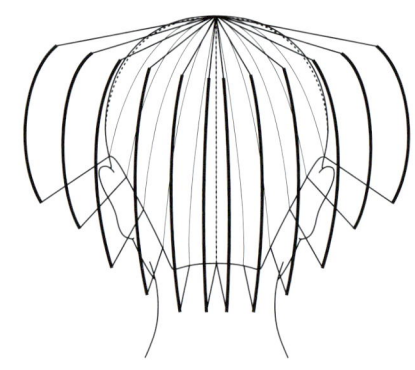

BEFORE

랭스 설정

길이, 단차 설정

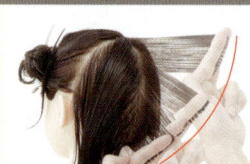
가이드 패널 조작

세로 슬라이스로 위에서부터 커트하고 가이드를 설정. 서서히 각도를 내리고 절단면을 둥글게 연결한다.

골덴 포인트부터 모발을 잡고, 표면을 빗 한 개분의 길이로.
랭스를 바꾸지 않는 경우에는, 표면의 길이 설정부터 시작하는 것이 좋다.

정중선/가이드(세로 슬라이스)

모든 패널을 슬라이스에 대해서 온 베이스로. 첫 번째 패널은 바닥과 평행하게 당기고 셰이프의 각도를 서서히 내려 가이드를 만든다.

슬라이스에 대해서 온 베이스. 가이드와 같은 각도에서 커트.

두상의 곡선에 따라 돌려 커트한다.

반대 사이드도 똑같이.

| 오른쪽 두 번째 | 오른쪽 세 번째 |

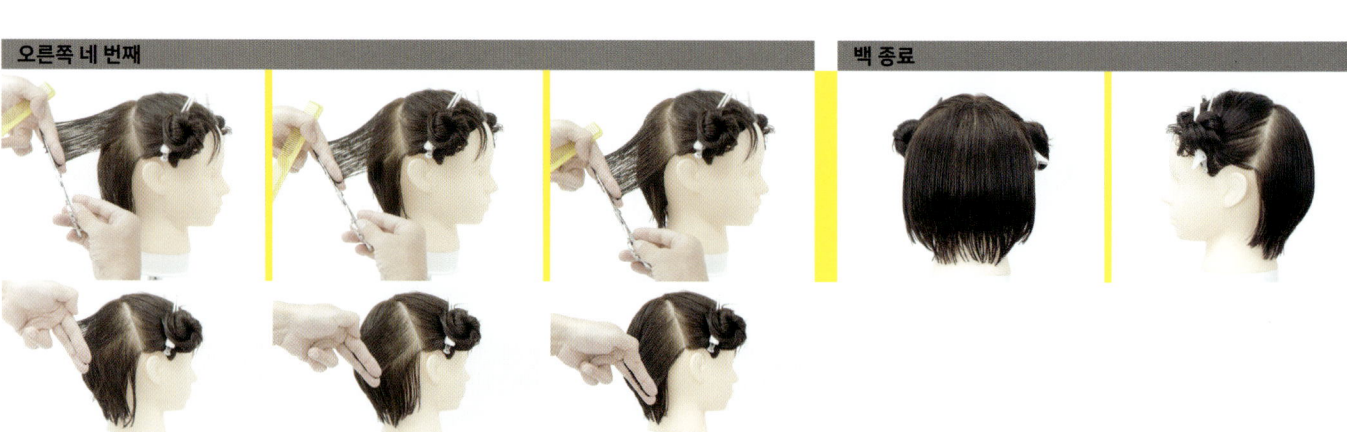

| 오른쪽 네 번째 | 백 종료 |

② 오버 사이드

이어 투 이어보다 앞은, 백의 연장선으로 커트한다. 패널은 슬라이스에 대해서 온 베이스를 유지.
상하 각도도 백과 같은 각도로 유지한다.

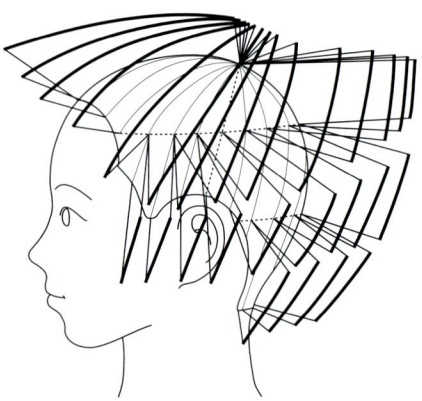

| | 첫 번째 |

백의 연장으로, 첫 번째 슬라이스는 가마~귀 위로.

두 번째 / 세 번째 / 패널의 상하 각도도 백과 같다.

네 번째

다섯 번째 / 여섯 번째

일곱 번째 / 커트 종료

마지막 슬라이스는 레이어가 된다.

기술 선택 ④
멀티 슬라이스 X 그라데이션 보브

[멀티 슬라이스]란, CHAPTER 2-3에서 해설 한
다양한 기술을 조합하는 기법.
지금부터는 각 테크닉의 [장점만 취합] 한 멀티 슬라이스의 한 예를 소개.

디자인의 디테일

전체를 후방으로 빗어 넘기면, 멀티 슬라이스의 효과가 더욱 잘 보인다.
이번의 예시에서는 A 슬라이스로 자른 네이프 아래는 타이트하게,
V 슬라이스로 자른 백의 중간단은 귀 뒤쪽이 가볍고, 정중선 부근에 두께감이 생긴다.

테크닉의 구성

이번은 5가지 슬라이스를 조합한다.
A, V, 방사상, 세로, 사선 슬라이스의 각 테크닉을 조합해서
각각의 특성이 믹스 된 폼을 만든다.

① 백

- 네이프~백 코너를 A 슬라이스로 커트.
- 네이프의 가장자리 첫 번째 선은 올린다.
- 네이프~투 섹션 포인트는 V 슬라이스로 커트.
- 정중선에 세로 슬라이스로 가이드 설정.
- V 슬라이스로 이동하고 밑에 커트라인의 연장으로 연결한다.
- 정중선에 가이드를 설정.
- 오버는 방사상 슬라이스로 커트
- 방사상 슬라이스로 이동하고, 온 베이스로 연결한다.

② 사이드-오버

- 사이드는 세로 슬라이스로 이동한다.
- 이어 투 이어 끝의 백을 가이드로 커트.
- 첫 번째 슬라이스는 약간 후방으로 셰이프하고, 귀 앞의 부근부터 온 베이스로커트.
- 얼굴 주위는 스퀘어로 연결한다.
- 오버는 세로 슬라이스(사선 셰이프)로 이동.
- 패널 섹션의 대각선상에서 커트.
- 귀 위 부근부터 온 베이스 위치로 커트.
- 표면의 코너를 체크 커트.

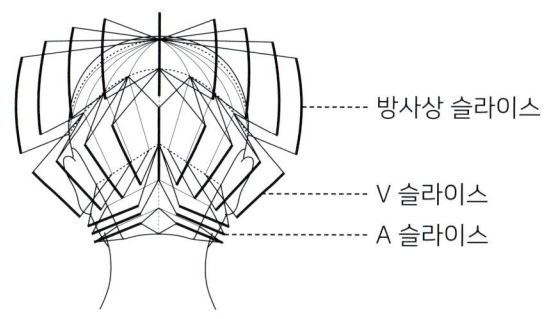

방사상 슬라이스
V 슬라이스
A 슬라이스

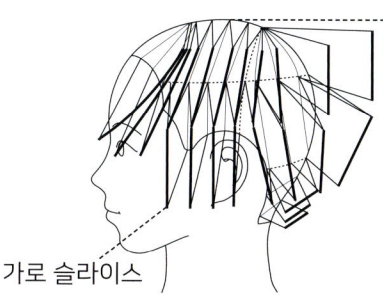

사선 슬라이스
가로 슬라이스

POINT

멀티 슬라이스에서는 폼 각각의 커트 특징이 나타나기 때문에 다양한 곡선을 표현할 수 있다. 슬라이스의 구성 상, 각각의 부근에 코너가 잘 나오지만 그것을 자를지 남길지는 원하는 곡선에 맞춰 판단하도록 하자.

[멀티 슬라이스]로
자르는 그라데이션 보브

[멀티 슬라이스]에서는 각 슬라이스를 적용시키는 범위 설정도 중요.
그것이 곡선의 디테일에 직결된다.

CUT PROCESS

① 백

아래부터 A, V, 방사상의 각 슬라이스로 구성.
아웃 라인을 타이트하게, 웨이트 주변은 입체적으로, 그리고 표면을 부드럽게 한다.

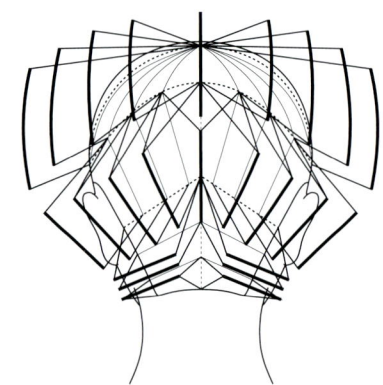

| 언더/A 슬라이스 BEFORE | 언더/A 슬라이스 첫 번째 |

 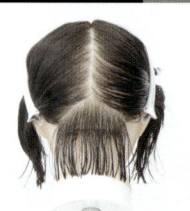  

첫 번째 슬라이스는 올리고, 두 세번째 슬라이스는 첫 번째 슬라이스와 평행하게 슬라이스를 나누어 조금씩 엘레베이션.

| 언더/A 슬라이스 두 번째 | 언더/A 슬라이스 세 번째 |

백 포인트와 귀 뒤쪽을 연결하는 라인까지 A 슬라이스로 커트.

| 미들/V 슬라이스 | 섹셔닝 | | 미들/V 슬라이스 | 정중선 | | 미들/V 슬라이스 | 왼쪽 첫 번째 |

  언더를 가이드로 정중선에 세로 슬라이스로 가이드를 설정.  첫 번째 슬라이스 이후는 섹셔닝 라인에 대해서 90도의 V 슬라이스로 이동.

투 섹션 포인트까지 섹셔닝.

| 미들/V 슬라이스 | 왼쪽 두 번째 | | 미들/V 슬라이스 | 왼쪽 세 번째 | | 미들/V 슬라이스 | 왼쪽 네 번째 |

| 미들/V 슬라이스 | 오른쪽 첫 번째 | | 미들/V 슬라이스 | 오른쪽 두 번째 | | 미들/V 슬라이스 | 오른쪽 세 번째 | | 미들/V 슬라이스 | 오른쪽 네 번째 |

좌우 대칭으로 마무리한다.

중단의 연장으로 정중선에 세로 슬라이스로 가이드를 만들고 이어 투 이어까지 방사상의 슬라이스로 연결한다.

| 오버/정중선 | 왼쪽 첫 번째 | | 오버/방사형 슬라이스 | 왼쪽 두 번째 | | 오버/방사형 슬라이스 | 왼쪽 세 번째 | | 오버/방사형 슬라이스 | 왼쪽 네 번째 |

오버/방사상 슬라이스 오른쪽 첫 번째	오버/방사상 슬라이스 오른쪽 두 번째	오버/방사상 슬라이스 오른쪽 세 번째	오버/방사상 슬라이스 오른쪽 네 번째

체크커트	백 센터 표면의 코너를 체크.	백 종료	

② 사이드-오버

폼의 안쪽~아웃 라인이 되는 언더는 세로, 표면이 되는 오버는 사선 슬라이스(세로 슬라이스+사선 셰이프)로 커트. 백 사이드의 가이드 설정에서 많이 잘려나가지 않도록 주의.

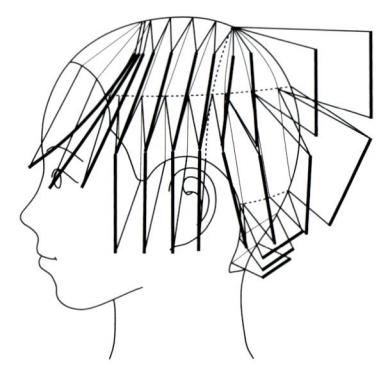

	언더 첫 번째	언더 두 번째	언더 세 번째

첫 번째 슬라이스에서 가이드를 설정. 백을 가이드로 한 패널 만큼 후방으로 당겨 커트. 2, 3번째 슬라이스는 서서히 온 베이스쪽으로 커트.

언더 네 번째	언더 다섯 번째

네 번째 슬라이스는 온 베이스, 다섯 번째 슬라이스(마지막)는 스퀘어로.

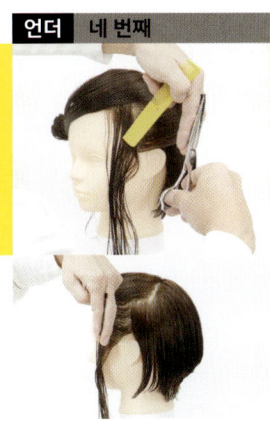
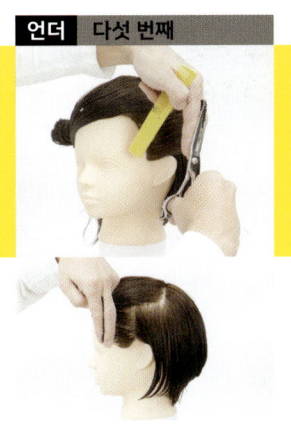

오버 첫 번째	오버 두 번째	오버 세 번째

세로 슬라이스부터 후방으로, 사선(대각선)으로 패널을 잡아서 커트. 두 번째(귀 뒤쪽)도 똑같이.

세 번째 슬라이스(귀 위)에 대해 온 베이스로. 대각선의 절단면은 유지.

오버 네 번째	오버 다섯 번째		체크커트

다섯 번째 슬라이스(마지막)는 스퀘어로.

표면의 코너를 커트.

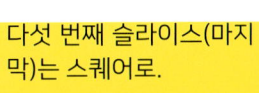

커트 종료

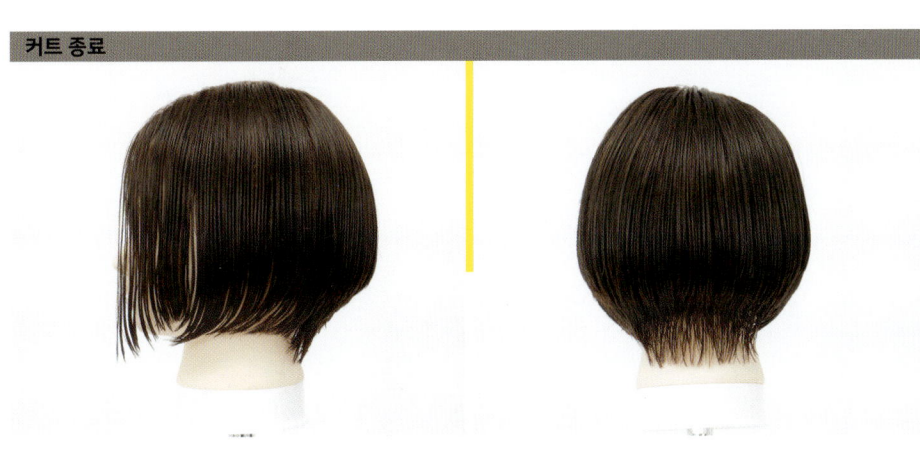

그라데이션 보브 만들기
~ + 레이어 조작편

마지막으로 그라데이션 보브의 [가벼움]을 컨트롤 하는 테크닉.
랭스 등은 지금까지 소개 한 그라데이션 보브와 동일하다.
베이스가 되는 폼의 디자인은 고정하고 3종류의 레이어 커트를 더해
디테일을 만드는 방법을 알아 보자.

CHAP

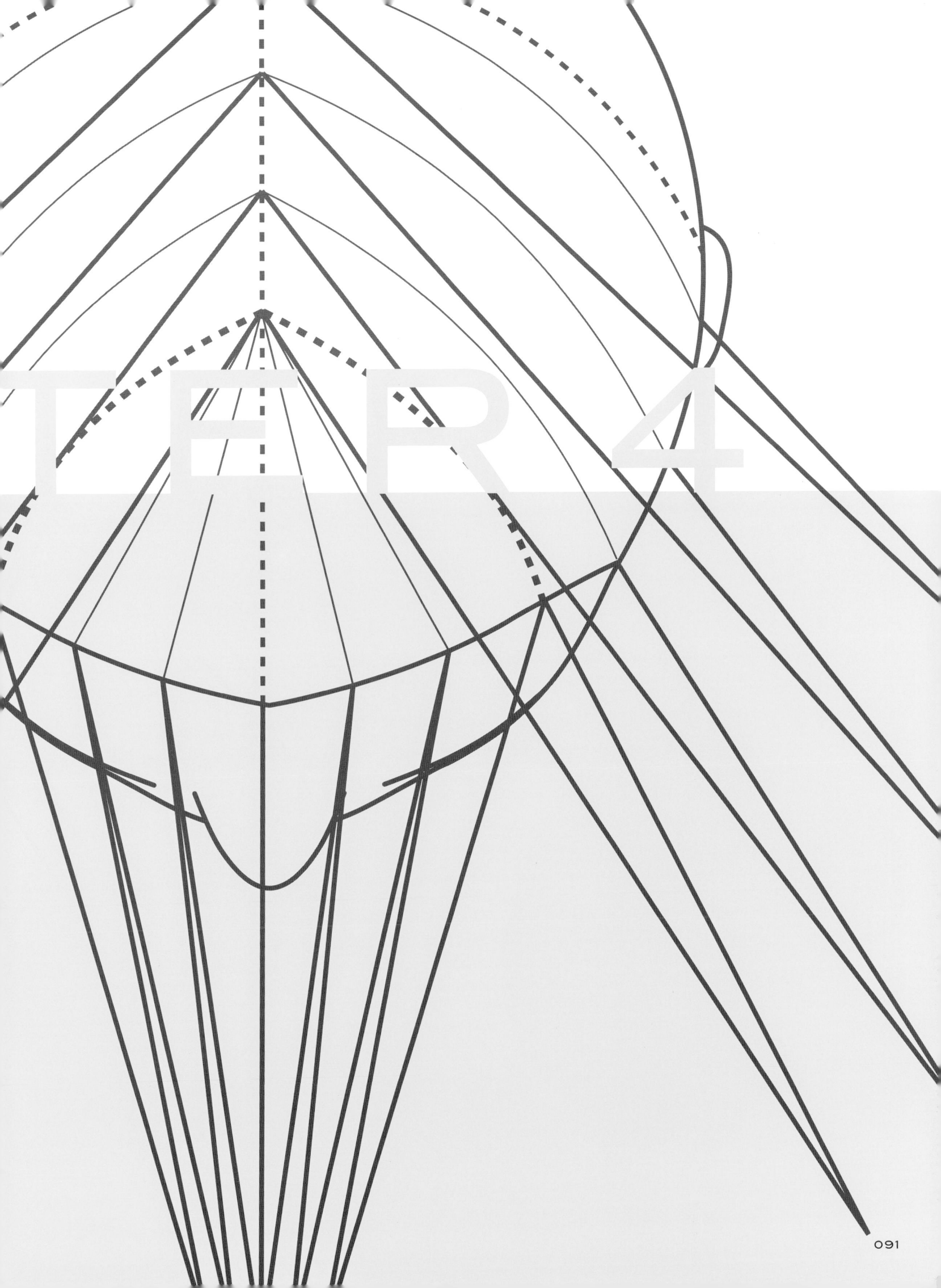

레이어를 더해서 그라데이션 보브의 가벼움을 컨트롤한다

토대가 되는 폼은 같아도
어떻게 레이어를 더하는가에 따라
최종적으로 제안하는 디자인의 디테일이 달라진다.
소재에 맞춰 적합한 레이어를 선택하는 방법도
신규 고객의 단골 고객화에 중요한 스킬이 된다.

같은 랭스의 그라데이션 보브에 [가벼움]을 만든다

GRADATION BOB 9
+ 레이어 전방 아래 45도

GRADATION BOB 10
+ 레이어 오버 셰이프

GRADATION BOB 11
+ 레이어 방사상 슬라이스

그라데이션 보브의 가벼운 정도를 바꾸는 레이어 커트의 대표는 [전방 아래 45도] [오버 셰이프] [방사상 슬라이스] 3가지.
본장에서는 이 3가지의 레이어 커트를 적용한 폼을 하나의 디자인으로 고정. 같은 그라데이션 보브의 폼에 각각의 레이어 커트를 더해서 만들어진 디자인의 디테일의 변화를 검증해 보자.
우선은 이전 CHAPTER와 똑같이 3가지의 레이어 커트를 더한 그라데이션 보브의 디테일을 살려 마무리를 한 스타일을 소개. 폼의 두께와 얼굴 주위의 길이, 웨이트 등의 미묘한 차이에 주목해 보자.

기술 선택으로 바꾸는 폼의 무게

본장에서 해설하는 그라데이션 보브의 마무리는 3가지.
우선은 같은 각도로 본 마무리의 상태에서, 디자인의 세세한 차이를 체크.

+ 레이어 전방 아래 45도

+ 레이어 오버 셰이프

+ 레이어 방사상 슬라이스

기술 선택과 디테일의 변화

다음은 3가지의 레이어 커트를 더한 각각의 마무리를 검증.
얼굴 주위와 폼의 두께, 웨이트의 느낌 등 미묘한 차이를 비교해 보자.

+ 레이어 전방 아래 45도

- 얼굴 주위의 길이가 짧다(립 라인).
- 얼굴 주위의 둥근 웨이트는 약간 낮다.
- 구레나룻 부분에 약간 코너가 생긴다.
- 백의 폼은 자연스러운 곡선.
- 네이프 주위가 약간 플랫한 형태.

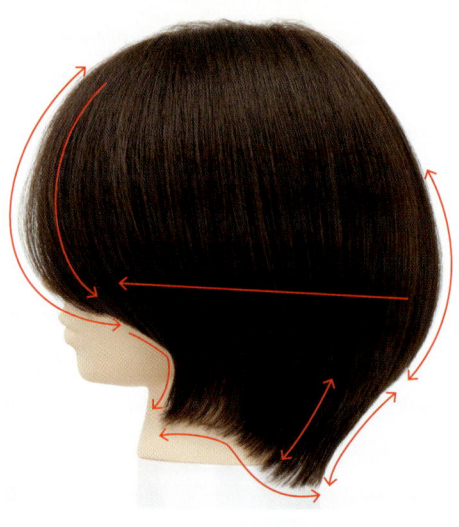

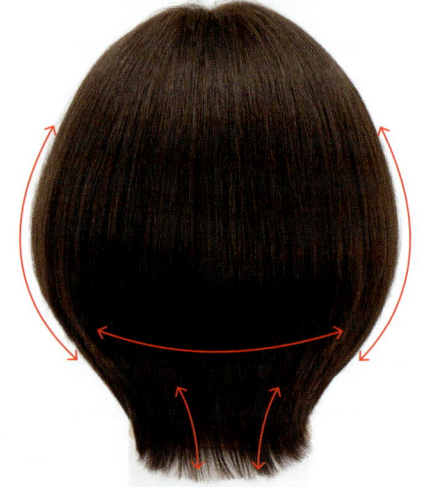

+ 레이어 오버 셰이프

- 얼굴 주위의 길이는 모두 같지만 모발의 흐름이 플랫.
- 얼굴 주위 곡선의 웨이트는 약간 높다.
- 구레나룻 부근의 곡선이 심하다.
- 백 폼의 웨이트가 내려간다.
- 네이프 주위가 약간 잘록하다.

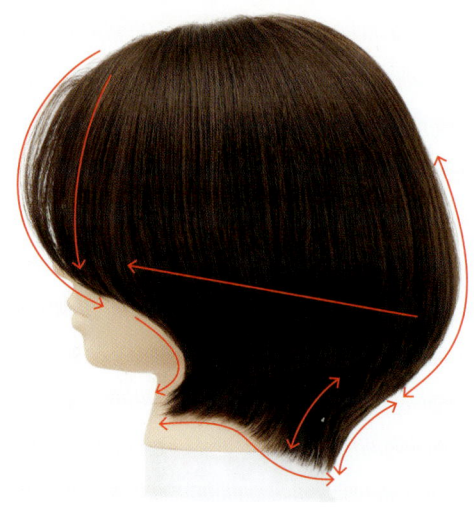

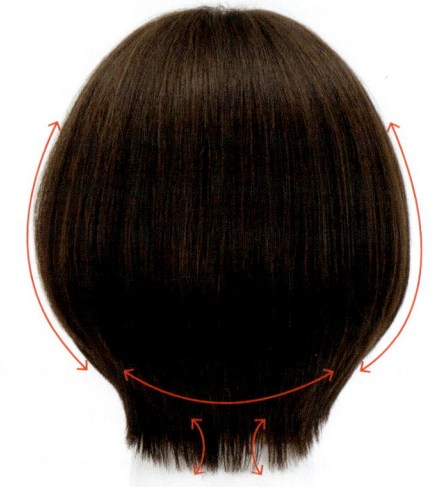

+ 레이어 방사상 슬라이스

- 얼굴 주위의 길이는 모두 같지만 다른 것 보다 어울림이 좋다.
- 얼굴 주위의 곡선은 매끄럽다.
- 구레나룻 부근의 커브도 자연스러운 곡선.
- 백의 곡선도 자연스럽고 웨이트는 약간 낮다.
- 네이프 주위는 곡선도 자연스럽고 목과 잘 어울린다.

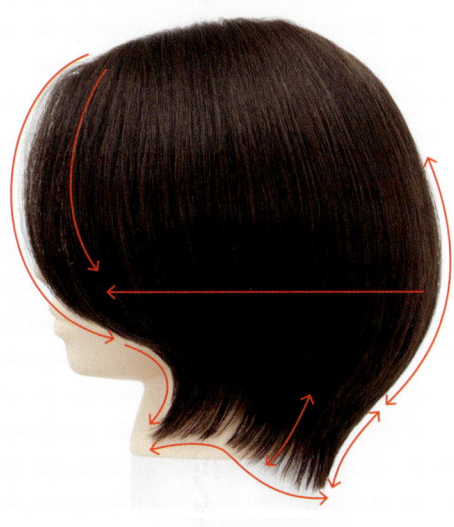

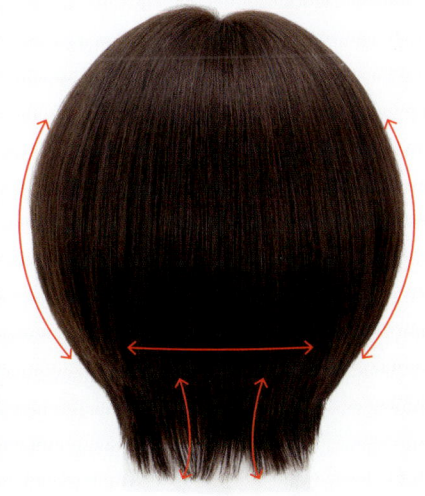

3가지 스타일의 공통점 / 베이스 폼 구성

3가지 선택을 알아보기 전에 각각 레이어 커트를 적용한
베이스 폼 구성을 해설.
이번에는 [방사상 슬라이스]와 [사선 슬라이스]를 조합한
멀티 슬라이스를 토대로한 폼을 만들어 보자.

테크닉의 구성

백은 방사상 슬라이스, 사이드 오버는
사선 슬라이스(세로 슬라이스+사선 셰이프)로 이동.
백과 사이드의 연결 방법에 주의해서 커트한다.

① 백

- 정 가운데 선에 세로 슬라이스로 가이드를 설정.
- 이어 투 이어에 맞춰, 방사상의 슬라이스로 이동.
- 패널을 [하나 앞의 위치]로 셰이프.
- 이어 투 이어까지 [하나 앞의 위치]로 연결한다.

② 사이드 오버

- 상하 2단으로 섹셔닝, 하단부터 커트.
- 이어 투 이어부터 세로 슬라이스로 이동.
- 이어 투 이어 끝은 패널을 후방으로 당기고 백과 연결한다.
- 패널 섹션의 대각선상으로 셰이프하고 사선의 절단면을 연결한다.
- 귀 위쪽 부근은 온 베이스에서 사선으로 셰이프.
- 얼굴 주위는 스퀘어로, 사선(대각선)의 절단면을 연결한다.
- 상단도 하단과 똑같이 연결한다.

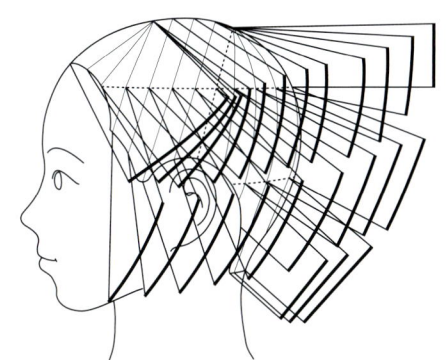

백의 정중선에 세로 슬라이스로 가이드를 설정. 위부터 그라데이션을 넣는다.

백은 [하나 앞의 위치]에서 연결한다(슬라이스는 방사상으로).

사이드는 상하 2단으로 나누고, 각각 [사선 슬라이스(세로 슬라이스+사선 셰이프)]로.

POINT

이번 [+레이어]의 베이스가 되는 폼은 멀티 슬라이스로 구성. 섹션마다 슬라이스, 셰이프, 절단면 등이 다르기 때문에 남는 길이를 확인하면서 셰이프를 조심스럽게 해서 연결하는 것이 중요하다.

3가지 스타일의 공통점 / 베이스 폼

베이스 커트는 백에서 시작.
완만한 전대각 라인의 그라데이션으로 폼을 만든다.

BASE CUT PROCESS

① 백   백은 방사상 슬라이스로 완만한 전대각 라인의 그라데이션을 연결한다.

길이, 단차 설정

표면의 길이를 빗 한 개 +3cm로 설정. 이 길이를 기준으로 정중선에 세로 슬라이스를 잡고 네이프까지 둥글게 연결해서 가이드를 만든다.

정중선(가이드/세로 슬라이스)

방사상으로 슬라이스를 나누고 이어 투 이어까지 4개의 슬라이스로 이동. 한 슬라이스 앞의 위치로 패널을 당기고 표면부터 머리 가장자리까지 연결한다.

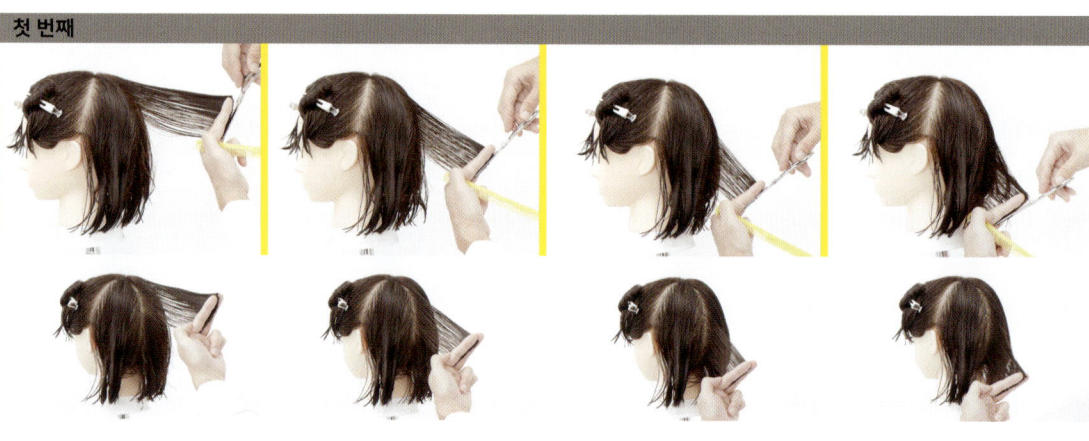

첫 번째

두 번째 · 세 번째

② **사이드 오버**

이어 투 이어보다 앞쪽은 상하 2단으로 나누어 연결한다.

세로 슬라이스로 이동하고 사선(패널 섹션의 대각선)으로 셰이프해서 커트. 첫 번째 슬라이스는 후방, 세 번째 슬라이스에 대해서 온베이스로. 네 번째 슬라이스는 스퀘어로 연결한다.

오버는 언더와 똑같이 커트. 패널의 각도는 바닥과 평행한 정도로 커트한다.

이것으로 베이스 커트는 종료. 이 커트의 마무리에 3가지 방법으로 레이어를 더한다.

기술 선택 ①
그라데이션 보브+전방 아래 45도 레이어

지금부터는 전 페이지에서 베이스 커트를 시술 한 상태에,
레이어를 더해가는 과정을 자세하게 소개. 우선은 얼굴 주위를 중심으로
[전방 아래 45도]에 레이어를 넣는 테크닉부터 해설.

디자인의 디테일

얼굴 주위부터 층을 넣었기 때문에, 전체를 후방으로 빗어 넘기면 모발의 흐름이 명확해진다.
프론트부터 백에 걸쳐 길고 짧은 길이의 단차가 만들어져 있기 때문에,
백이 무겁게 쌓이지 않고, 깔끔하고 가벼운 폼을 유지할 수 있다.

테크닉의 구성

이전과 마찬가지로 다음은 [+레이어]의 테크닉 과정을 정리.
마무리에 나타난 얼굴 주위의 곡선과 가벼움에 큰 영향을 주는 것이 코너 처리이다.

① 얼굴 주위 사이드 오버

- 얼굴 주위에 삼각형으로 섹션을 나누고 레이어의 가이드를 만든다.
- 얼굴 주위의 머리 가장자리(사이드/언더)에 레이어를 넣는다.
- 이어 투 이어까지 같은 위치로 연결한다.
- 정중선 슬라이스(삼각형 느낌)를 잡고, 언더와 연결한다.
- 프론트 코너까지 정중선의 패널과 같은 위치로 커트.
- 언더와 오버의 코너는 남긴다.

② 오버 사이드

- 얼굴 주위의 절단면을 가이드로, 이어 투 이어에 맞춰 이동.
- 패널을 전방으로 당겨 커트.
- 각 슬라이스 마다 오버부터 3패널로 나누어 커트를 한다.
- 앞뒤 코너 커트. 상하 코너는 많이 잘리지 않도록 주의.
- 반대쪽도 똑같이 커트하고, 표면의 코너를 체크.

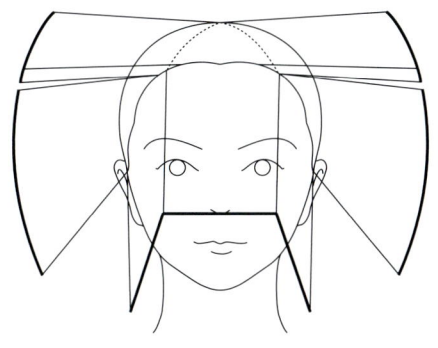 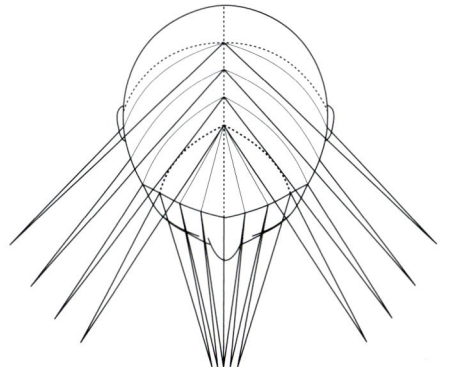 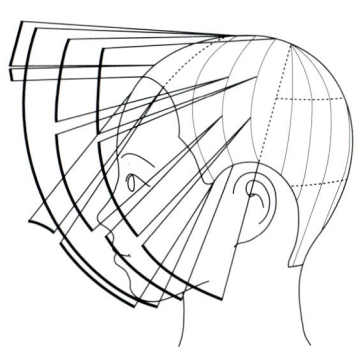

POINT

이 테크닉에서 중요한 점은 셰이프의 정확성과 코너 처리. 베이스가 되는 폼의 아웃 라인은 바꾸지 않고 폼의 두께감과 앞뒤의 입체감을 조작할 수 있기 때문에 가벼움이 약간 필요한 정도의 작은 변화에 적합하다.

[전방 아래 45도]
+ 레이어

+레이어는 얼굴 주위의 커트부터 시작.
가이드를 정확하게 만들어
폼과 연결한다.

CUT PROCESS

BEFORE / 베이스 폼 커트 완료

① 얼굴 주위 사이드 오버

우선은 원하는 단차의 폭을 명확히 하고, 얼굴 주위로 가이드를 설정. 그리고 사이드, 오버에 앞쪽에서 뒤쪽으로 단을 연결한다.

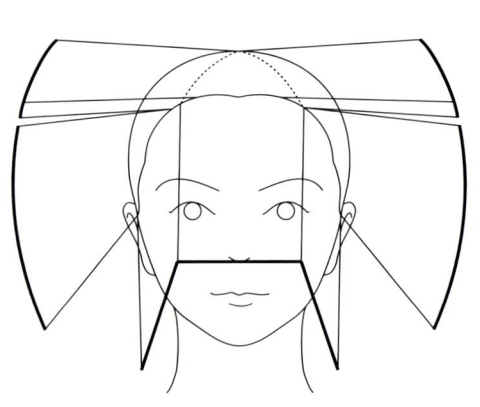
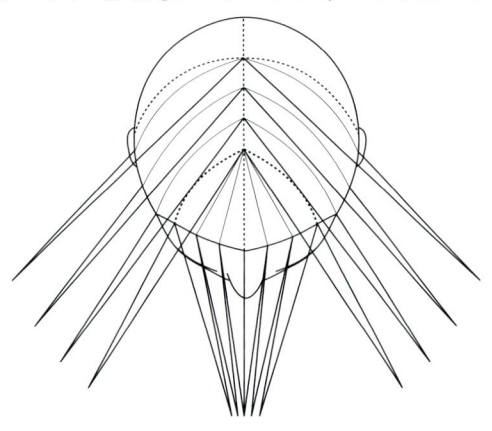

단차 폭 설정	얼굴 주위(가이드)	하단(가이드)

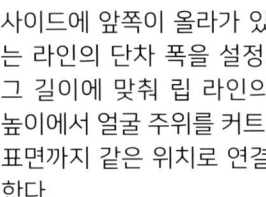
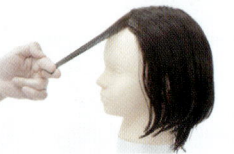

사이드에 앞쪽이 올라가 있는 라인의 단차 폭을 설정. 그 길이에 맞춰 립 라인의 높이에서 얼굴 주위를 커트. 표면까지 같은 위치로 연결한다.

하단에 머리 가장자리와 평행하게 슬라이스를 나누고 전방 아래 45도로 셰이프. 얼굴 주위를 가이드로 커트, 하단 전체를 같은 위치로 연결한다.

상단은 정중선부터 프론트 코너까지, 정중선으로 모아 표면의 코너를 커트.

상단(오버)			절단면 구성

상단은 앞뒤의 코너를 커트하지만, 언더와 코너는 남겨 둔다.

② **오버 사이드**

다음은 얼굴 주위부터 넣은 레이어를 폼에 연결하고 정리하는 과정.
그라데이션 보브의 형태를 유지하기 위해, 커트하는 범위는 기본적으로 이어 투 이어까지.

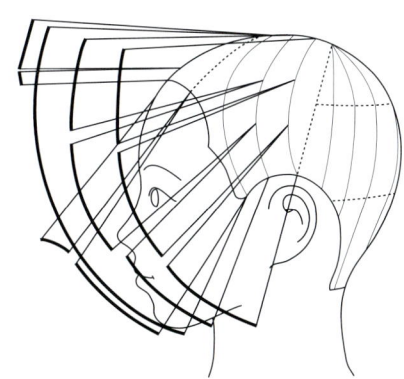

전방으로 패널을 나누고, 얼굴 주위의 레이어와 각을 없앤다. 약간 라운드 형태의 세로 슬라이스로, 표면부터 머리 가장자리까지 3패널로 커트. 위 아래의 코너가 많이 잘리지 않도록.

첫 번째   두 번째

세 번째

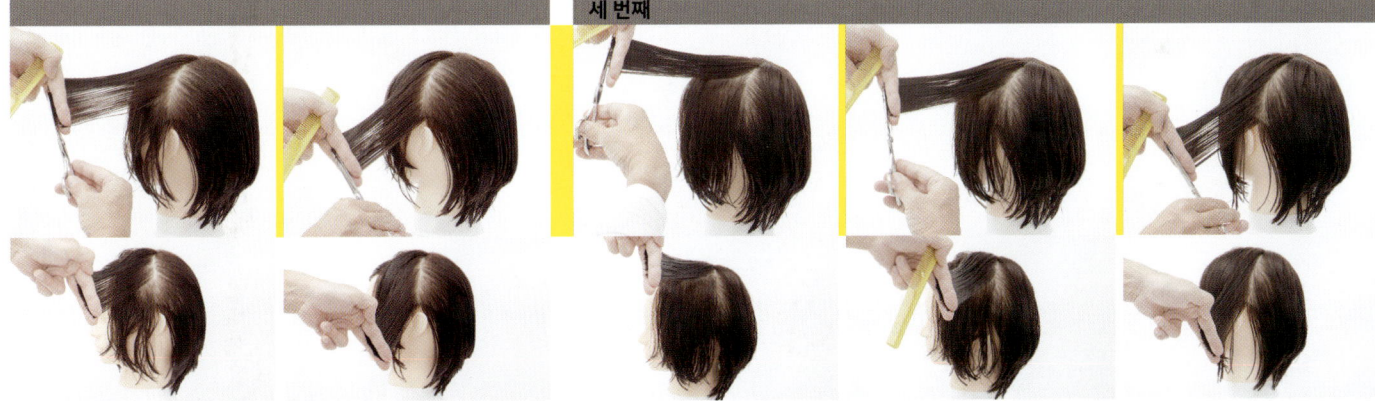

체크커트   커트 종료

반대쪽도 똑같이 커트 후, 마지막으로 표면의 코너를 체크.

기술 선택 ②
그라데이션 보브 + 오버 셰이프 레이어

오버 셰이프란 끝쪽에서 나눈 패널을 반대쪽 방향으로,
정중선을 넘도록 당기는 기법이다.
부분적으로 높은 단차를 조합했기 때문에 가벼움을 만드는 조작에 유효한 테크닉이다.

디자인의 디테일

오버 셰이프는 [전방 아래 45도]보다 높게 레이어가 들어간다. 단차 폭이 넓기 때문에,
전체를 후방으로 빗어 넘겨도 무겁게 쌓이지 않기 때문에
폼이 컴팩트하면서 모발의 흐름이 다이나믹하게 나타난다.

테크닉의 조합

핀 포인트로 하이 레이어를 넣을 수 있는 오버 셰이프의 테크닉에서는, 마지막 가이드 설정이 중요. 이것이 폼 전체의 밸런스에 영향을 준다.

① 얼굴 주위 오버

- 정중선을 경계로, 얼굴 주위의 끝쪽에서 잡은 패널을 반대쪽으로 셰이프.
- 남기는 길이와 절단면의 각을 정하고, 가이드를 설정.
- 같은 예를 가이드와 평행한 슬라이스로 이동.
- 오버 전체를 가이드와 같은 위치로 셰이프 해서 연결한다.

② 오버 아웃 라인

- 머리 가장자리와 평행하게 슬라이스를 설정.
- 오버의 레이어와 아웃 라인의 코너를 커트.
- 이어 투 이어까지 날개 형태로 슬라이스를 이동해서 커트.
- 반대쪽도 전체적으로 똑같이 커트 후, 표면의 코너를 체크 커트.

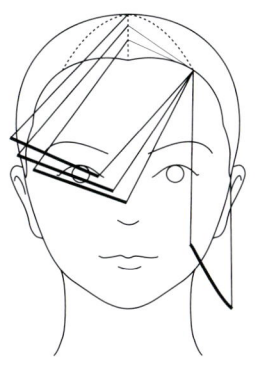
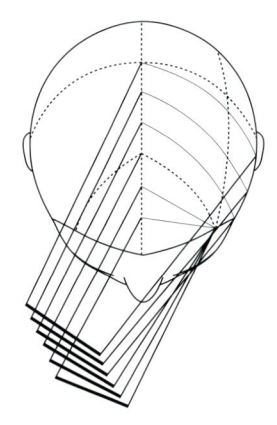
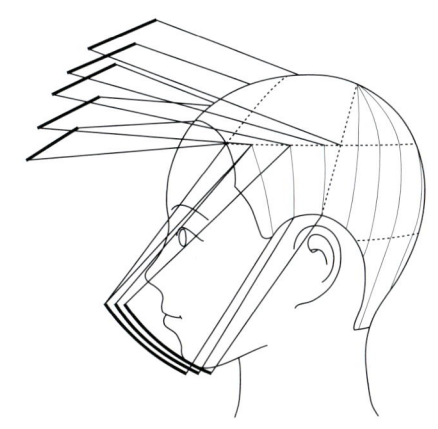

POINT

오버 셰이프는 첫 번째 가이드 설정과 그것을 폼에 어떻게 적용시킬지가 중요. 표면이 가장 짧아지기 때문에 파트를 나누기 쉬운 것 외에, 탑에 무게감이 잘 생기지 않는 사람, 두개골이 튀어나온 사람에게도 잘 어울린다.

[오버 셰이프]
+ 레이어

오버 셰이프에서 원하는 것은
콘케이브 형태의 표면. 그 높은 단차를
폼에 잘 적용 시킨다.

CUT PROCESS

BEFORE / 베이스 폼 커트 완료

① 얼굴 주위 오버

정중선을 기점으로 사선(앞에서 보면 A자)로 슬라이스를 나누고,
패널을 반대쪽으로 셰이프 해서 레이어 커트. 폼의 두께에 따라 높은 단차가 생긴다.

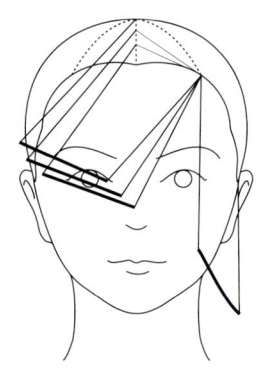 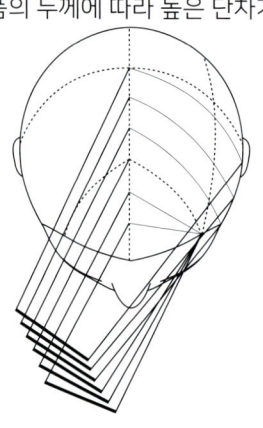

| 길이, 단차 설정 | 첫 번째 | 두 번째 | 세 번째 |

우선은 표면의 모발에서 길이와 레이어의 가이드를 설정. 콤의 위치를 정한 후 이어 투 이어까지(코너가 나오지 않기 때문에) 같은 위치에서 커트.

| 네 번째 | 다섯 번째 |

② 오버 - 아웃 라인

얼굴 주위부터 넣은 레이어와 아웃 라인을 연결한다.
위부터 3패널로 커트하고, 두께를 많이 제거하지 않도록 둥글게 커트한다.

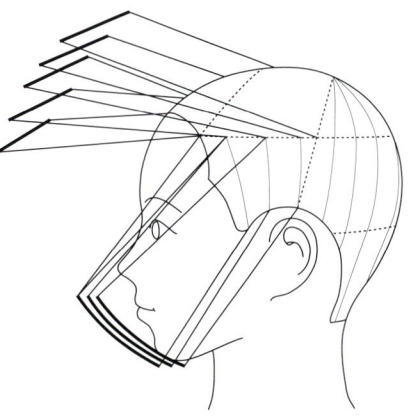

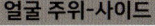
얼굴 주위-사이드

머리 가장자리와 평행한 슬라이스부터 전방으로 패널을 셰이프하고 구레나룻과 오버의 레이어를 연결한다. 슬라이스를 세로로 서서히 변경, 코너가 나오지 않을 때까지 이동하여 같은 위치에서 커트.

왼쪽 사이드쪽 종료

표면

반대쪽 전체도 지금까지와 똑같이 커트 했다면, 마지막에 표면의 코너를 체크 커트.

레이어 구성

정중선을 경계로 콘케이브 형태(표면이 가장 짧다)로 레이어가 구성된다. 이것이 표면의 무게감 향상 등으로 연결된다.

커트 종료

기술 선택 ③
그라데이션 보브 + 방사상 슬라이스 레이어

마지막으로 픽업한 것은 [방사상 슬라이스].
[+레이어]의 폼 중에서 두상에 가장 잘 어울리는 마무리로
방사상 슬라이스에서 넣는 레이어 테크닉 구성을 검증한다.

디자인의 디테일

표면에 방사상 슬라이스로 레이어를 넣으면 머리를 움직여도 실루엣은 거의 변하지 않는다.
전체를 후방으로 빗어 넘겨도 무게가 잘 쌓이지 않기 때문에
실루엣이 컴팩트한 점이 이 테크닉의 특징이다.

테크닉의 구성

방사상의 슬라이스는 두상 곡선의 경사에 맞춘 이동과 전개가 중요하다.
그리고 곡선이 있는 실루엣의 비결은, 세임 레이어를 연결하는 구성이다.

① 백-이어 투 이어

- 탑 포인트부터 골덴 포인트에 세로 슬라이스를 잡는다.
- 온 베이스로 커트하고, 세임 레이어를 넣는다.
- 정중선을 가이드로, 방사상 슬라이스를 이동.
- 세임 레이어의 절단면을 연결한다.

② 이어 투 이어-프론트

- 이어 투 이어부터 프론트는 세로 슬라이스로 이동.
- 백 포인트부터 슬라이스를 방사상으로.
- 모든 세임 레이어의 절단면을 연결한다.
- 반대쪽도 똑같이 커트 후 표면, 모히칸 라인의 코너를 커트.

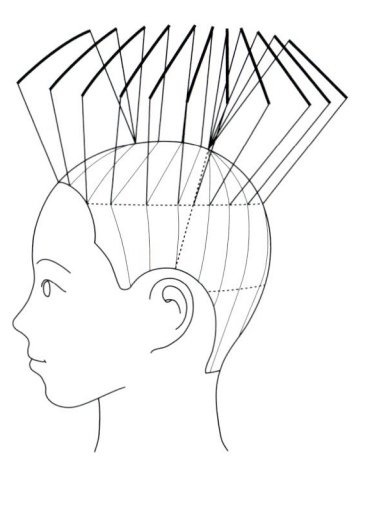
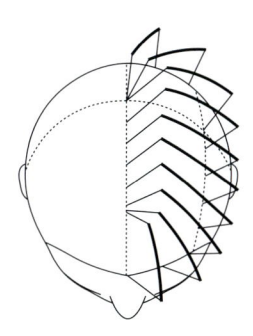

POINT

방사상의 레이어는 베이스의 폼을 많이 제거하지 않도록 넣을 것. 베이스와 어울리면 강한 웨이트 등은 나오지 않지만, 어떻게 모발을 움직여도 폼이 두상에 핏 되어 컴팩트한 실루엣이 된다.

[방사상 슬라이스] + 레이어

방사상의 슬라이스에 넣은 레이어는, 두상의 곡선에 맞춘 이동과 기점의 설정이 포인트이다.

CUT PROCESS

BEFORE / 베이스 폼 커트 완료

① 백-이어 투 이어

우선은 정중선에 세로로 슬라이스를 잡고 온 베이스로 패널을 잡고 세임 레이어를 넣는다. 이것을 가이드로 이어 투 이어까지 이동.

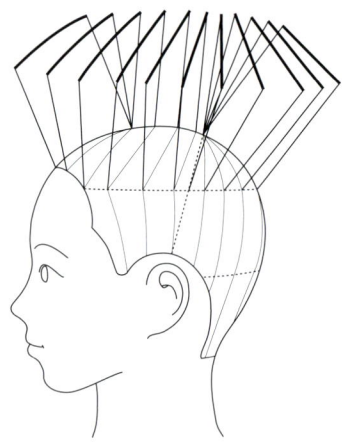

첫 번째 슬라이스는 탑 포인트에서 골덴 포인트까지 세임 레이어의 가이드를 만들고, 아래의 폼과 코너가 많이 잘리지 않도록 방사상 슬라이스로 이동.

| 첫 번째 (정중선) | 두 번째 | 세 번째 |

② 이어 투 이어 - 프론트

이어 투 이어에서 얼굴쪽은 세로 슬라이스로 이동하지만, 두상 곡선의 경사가 바뀌는 백 포인트부터 슬라이스를 다시 방사상으로 한다.

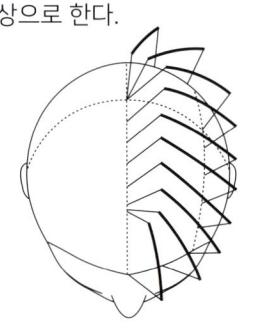
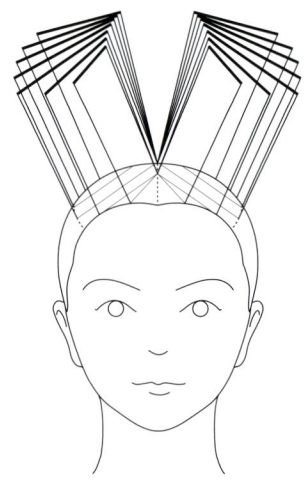

사이드도 아래의 폼을 많이 자르지 않도록, 전 패널을 가이드로 세임 레이어로 연결한다. 여섯 번째 이후는 슬라이스의 기점을 뱅 포인트로 한다.

네 번째	다섯 번째	여섯 번째	일곱 번째

체크커트 (표면)	체크커트 (모히칸 라인)	

반대쪽도 방사상 슬라이스에서 세임 레이어로 연결한 후 표면의 코너를 체크. 모히칸 라인의 코너도 온 베이스에서 체크, 폼을 더욱 매끄럽게 만든다.

커트 종료

A 슬라이스

세로 슬라이스

로우 그라데이션

사이드 그라데이션

+ 레이어 전방 아래 45도

부록

11가지 그라데이션 보브 일람

V 슬라이스

사선 슬라이스

방사상 슬라이스

멀티 슬라이스

+ 레이어 오버 셰이프

+ 레이어 방사상 슬라이스

CREDIT

Hair Design	福井達真 [PEEK-A-BOO]
Photo	高橋成自 [JOSEI MODE]

ヘアカラー剤提供	株式会社ミルボン
ウイッグ協力	株式会社ユーロプレステージ

후쿠이 타츠마사

1973년생. 도쿄 출신. 루토아 동아 미용전문학교 졸업 후 『PEEK-A-BOO』 입사. 2013년, 아트 디렉터에 취임. 현재 『PEEK-A-BOO 긴자 나미키도리』 대표를 맡고 있으며, [PEEK-A-BOO] 전점의 크리에이티브 활동을 총괄. 저서에 『인기있는 스타일리스트로의 지름길 시리즈 vol.1 『형상 (틀)』과 [형태] 를 생각해 보자 인기 있는 커트의 절대적인 베이직』, 『인기있는 스타일리스트로의 지름길 시리즈 vol.14 살롱에서 사용할 수 있는 베이직 커트의 실패를 한 번에 해결』이 있다.

「보고 배우는」 커트 과정
11가지 그라데이션 보브를 만드는패널 컨트롤

초판 1쇄 : 2022.01.30
펴낸 이 : 정환수
펴낸 곳 : 드림북매니아
편집 : 원예니
감수 : 살롱 드 루시 REX 📷 salon.de.lucy / 누와르 LEE 📷 LEEYOUNGSA
　　　　김원현, 전미영
주소 : 서울시 송파구 가락동 12-5 미성빌딩(02-512-8776 / 010-4212-3232)
등록 : 제 321-2008-00066
전자우편 : dabin612@naver.com
ISBN : 979-11-88104-20-8
정가 : 45,000원

JOSEI MODE SHA CO., LTD.
©DAIKOKUYA. CO., LTD. 2021
한국어판©드림북2022 Printed in Seoul, Korea

이 책의 내용을 무단 복사나 복제, 전재는 저작권법에 저촉되며 적발 시 법적 제재를 받을 수 있습니다.

잘못된 책은 바꾸어드립니다.